理工系学生のための

エレクトロニクス入門

近藤 康 著

学術図書出版社

イントロダクション

本書は理学系の大学生（第 2 学年を想定）のためのエレクトロニクス（半期分）の教科書として執筆されている。今日の実験ではそのほとんどが各種の物理量（温度、圧力、力など）を電気量に変換し増幅やフィルタリングなどの処理を行った上で測定している。従って、エレクトロニクスをある程度理解していないと測定結果を信用していいかどうかの判断さえ行えない。そのための最低限の理解を得ることができるように本書を構成した。

測定では、交流電圧や交流電流を取り扱う。そして、交流は位相と大きさの情報を含んでいるので、複素数を用いると便利である。そこで、複素解析についても概観する。また、フーリエ変換やラプラス変換は様々な測定や解析の基礎になっている。最低限の知識として、これらが何か？ということを議論した。

エレクトロニクスを理解する上で必要な理論を前半に議論した。後半は、実際の回路を構成するための能動素子とその構成例として「地球磁場による NMR 測定装置」について議論した。

なお、章末問題の解答はホームページ（http://ykondo.sakura.ne.jp/electronics_ans.pdf）にて公開する。また、以下を参考図書としてあげる。

- 長岡洋介、「電磁気学 I, II」 物理入門コース　ISBN-10: 4000298631, 400029864X.
- http://homepage2.nifty.com/eman/electromag/contents.html
- 電気と磁気の対応を重視する EH 対応と単極磁石が発見されていないことを重視する EB 対応はそれぞれに意味がある。ただ、EB 対応と EH 対応を明確にせずに、多くの教科書が構成されているので注意する必要がある。また、最近では歴史的な経緯を無視して、$\vec{B}$ を磁場と呼ぶ教科書もある。混乱しないように注意すること。EH 対応と EB 対応の整理については http://www.f-denshi.com/000TokiwaJPN/32denjk/010elc.html や広島大学の山崎による monograph「電磁気学における単位系」http://ir.lib.hiroshima-u.ac.jp/metadb/up/81936204/Refunit43W.pdf を参照のこと。
- 木村英紀、「回路とシステム」　岩波書店　ISBN-10: 400011168X.
- George B. Arfken, Hans J. Weber, Frank E. Harris, “Mathematical Method for Physicist”, ISBN-10: 0123846544.

目次

第1章

物質の電気的な性質

電磁気学の歴史、および絶縁体、半導体、伝導体について概観する。

1.1 電磁気学の歴史の概観

古代ギリシャでは、すでに「琥珀（こはく）」をこすると、ものを吸い付けることが知られていた。長い間、特にその現象が役にたつこともなく、この現象に関する知識に全く進展はなかった。しかし、16世紀末にイギリスのギルバートによって琥珀のほかにも、硫黄やガラスなど、いろんな物質に同様の現象を発見され、この「こすったものが、軽いものを引き付ける現象」が、琥珀を意味するラテン語 electrum から「electrica」と名付けられた。「エレクトリシティ」の語源である。

17世紀に入ると、静電気には吸い付けるだけでなく反発する場合もあることがわかってきた。また、電気を帯びた物質の側に帯びていない物質を置くと、その物質も電気を帯びるという現象が発見された。そして18世紀には、「金属などに摩擦電気現象が見られないのは金属が電気を逃がしやすいから」ということがわかり、「導体」（電気を逃がしやすい）と「絶縁体」（電気を逃がさない）の区分が生まれた。絶縁体には電気が動かずに留まるということから、「静」電気という概念が生まれる。また、フランスのシャルル・フランソワ・デュ・フェが電気には2種類[*1]あって、同種のもの同士は反発して[*2]、異種のものは引き合う性質があるということを発見した 。そこで、一方を「プラス」、他方を「マイナス」と呼ぶことになる。このプラスとマイナスの名付け親は18世紀のアメリカの政治家でもあったフランクリン である。

18世紀の初めにはオランダのライデン大学でライデン瓶 が発明され、電気の研究が進む。ライデン瓶の発明にはガラス技術の発展が不可欠であり、技術の進歩と科学の進歩が協調して進む良い例になっている。イタリアのガルヴァーニ は静電気による蛙の筋肉収縮の研究（1791年、「筋肉運動による電気の力」）によって異なった2種の金属を触れることによって電気が発生することを発見した。もっとも、彼自身はこの電気は蛙（動物）に由来した電気であると考えており、「動物電気」という名称をつけている。また、電流計のことを「ガルヴァノメーター」というのは、彼の功績を讃えたものである。一方、イタリアのボルタ（電圧の単位ボルトの語源）は、この「動物電気」の考えに疑問を抱き、「2種の金属の接触によって」電気が発生することを証明した。ボルタの考えの背景にはドイツのズルツアーが、「異なる金属を接触させて、もう一方で舌を挟むと妙な味がする」という報告が挙げられる。「ボタン電池を舐めると変な味がする」のも同じ現象である。（ボタン電池を飲み込んでしまうと危険なので、実験をする場合はくれぐれも注意を）ボルタの実験装置は銅板と亜鉛板との間に塩水をしみこませた紙を挟んだものを幾つも積み重ねた「電堆」（1794年）

[*1] 琥珀、エボナイト、ガラスなど多数の物質に生じる電気が2種類だけであるという理解は、電気現象に理解のために重要な発展であった。素粒子を構成するクォークでは3種類の「電荷」に相当するものが存在することに対比できるだろう。

[*2] 引力の場合, 静電誘導現象によりプラス電気もマイナス電気も電気を帯びていない物質を引きつける。従って引力で電荷の正負を判定することは困難である。この静電誘導は20世紀になって物質の電子論が発展して始めて理解できた。

と、それを改良した「電池 (1800)」[*3]（塩水の代わりに希硫酸を用いる）である。このボルタの電池の発明により動電気すなわち継続して流れる電流が得られるようになり、電気に関する研究が進んだ。オーム は現在オームの法則で知られる「電圧は電流に比例する」ことを 19 世紀に発見した。この発見によって電流、電圧に対して数学的な取り扱いができるようになった。また、電流が得られたことによって電気と磁気の間の関係が明らかになった[*4]。エルステッドが電流は磁石に力を及ぼすことを発見したのである 。これに引き続いて アンペール が電気と磁気の精緻な数学理論を作り上げた。

19 世紀のイギリスのファラデー は電磁誘導現象を発見し、電気力線と磁力線によって視覚化される場の概念を電磁気現象に導入した。ファラデーによれば、電場や磁場は物理的な実体である。イギリスのマクスウェル はファラデーの電気と磁気の理論をもとに 1864 年にマクスウェルの方程式を導いて古典電磁気学を確立した。マクスウェルの方程式[*5]から、電磁波の存在が理論的に予言される。ヘルツ は 1888 年に電気火花の実験によって電波の存在を確認し、マクスウェルの理論を検証した。ここに, 電磁場（電場・磁場）がエネルギー・運動量を持って運動する物理的な実体であることが確立したのである。

1.2 静電気

2 つの異なる材質の物体を摩擦すると、一方は正（プラス）他方は負（マイナス）の電気を帯びる。どちらが正になるか負になるかは、詳細に調べられていて摩擦電気系列（図 1.1）にまとめられている。2 つの物体を摩擦した場合、摩擦電気系列で＋の強い方が正の電荷を帯びる。

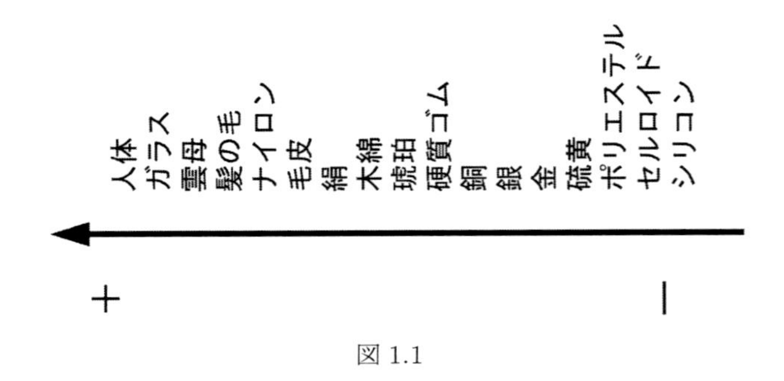

図 1.1

摩擦電気の発生は、摩擦によって価電子（電子の軌道の一番外側の電子）が物体間で授受されることによる。この電子の授受によって電荷のバランスがくずれ、見かけ上電荷が発生したように見える。

電子 1 個のもつ電荷は

$$e = 1.602 \times 10^{-19}\ \mathrm{C} \tag{1.1}$$

である。

[*3] 電池の原理：希硫酸という溶液には水素イオン（＋イオン）と硫酸イオン（－イオン）が存在する。この中に亜鉛と銅を入れると、銅に比べてイオン化傾向の大きい亜鉛は、希硫酸の中に溶け出す。亜鉛は溶け出るとき、電子を二つ残して、亜鉛イオン（＋イオン）になる。亜鉛イオンに追いやられた水素イオンは、銅の方に寄っていって、銅のところで電子を一個もらって、水素分子になって出ていく。($2H^+ + 2e^- \to H_2$) こうして、亜鉛側から銅側に電子の流れができる、すなわち電気が流れる。

[*4] 電場と磁場を統一した電磁場（電磁気力）の概念の芽生えである。現在自然界には 4 つの基本的な力、重力、弱い力、電磁気力、強い力の存在が知られている。その中で弱い力と電磁気力は同じ起源を持つ力であることが示されている。

[*5] マクスウェルは最初電場と磁場を統合するベクトル・ポテンシャルを用いていたことに注意。

1.3　絶縁体、半導体、伝導体

直感的には絶縁体は電気を流しにくい物質で、(電気) 伝導体は電気を流しやすい物質のことである。また、半導体はその中間的な電気の流しやすさを示す物質と考えて良い。具体的には、絶縁体の抵抗率は 10^{18} Ωm 程度で電気伝導体は 10^{-6} Ωm 程度を示す。半導体はその中間の 10^{3} Ωm 程度である。抵抗率については後述。

ただし、今日では科学の進歩に伴い、直感だけでは不十分になった。言い換えると抵抗率だけで絶縁体、半導体、伝導体の区別はできなくなっている。詳細は次章のバンド構造で議論する。

1.4　電子と正孔

金属中の電気の流れを考える場合は、主に電子の移動 (電気の流れと逆方向) を考えれば、良かった。しかしながら、半導体中の電気の流れを考える場合には正の電荷を持った粒子が流れているように見える場合がある*6。図 1.2 参照。

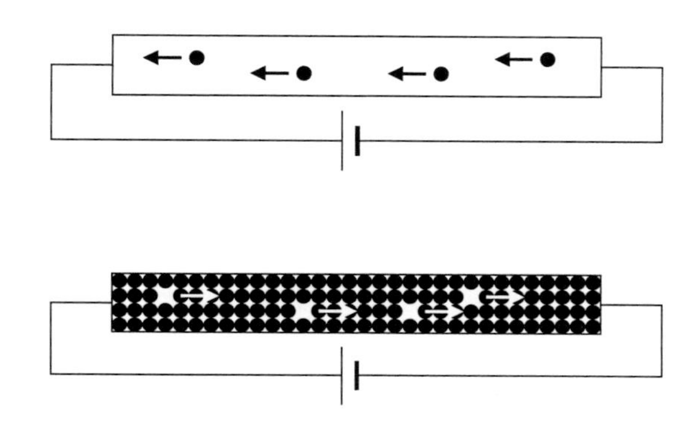

図 1.2　上は金属中の電子 (黒丸) が動くことによって、電流が流れている様子を表している。一方、下はやはり電子の左向きの移動によって電流が流れているのだが、正の電荷を持った電子の穴 (正孔) が右向きに流れていると解釈することもできる。

図 1.2 の上下どちらの図でも電子の移動が本質であるが、下の場合は正の電荷を持った粒子が移動すると考えると便利であり、この仮想的な粒子を正孔と呼ぶ。

「容器に水滴を入れると重力によって下に落ちる」が、「水を満たした容器内では泡は浮かんでくる」現象と似ている。どちらも本質は水の移動である。泡の場合は水がある状態を仮想的に何もない状態と考え、泡があると捉えることができる。泡は上向きに重力 (反重力!) が作用しているように振る舞う。

*6　ホール効果の実験によって明らかにされた。

第 2 章

複素数の復習 I

電子回路では電圧や電流の位相と大きさを取り扱う必要があり、複素数を活用する。最初に複素数について復習しよう。

2.1 複素数

複素数は 2 乗すると -1 になる虚数単位 i を導入して、以下のように作られた「数」である。

- 複素数 z は $z = x + iy$ と定義される。ただし、x, y は実数である。
- i を通常の数のように扱い実数で成り立っている演算規則に従うと考えて、複素数の和、差、積、除を定義する。ただし、i^2 が出てくれば、適宜 -1 に置き換える。
- 複素数の大きさは $\sqrt{x^2 + y^2}$ で定義され、$\tan\theta = y/x$ は偏角と呼ばれる。
- z の複素共役は z^* と書かれ $z^* = x - iy$ である。

複素数には、以下のような性質がある。ただし、$\Re, \Im$ はそれぞれ複素数の実数部分、虚数部分を取り出すことを意味する記号である。

- z が実数ならば、$z^* = z$
- z が純虚数ならば、$z^* = -z$
- $(z^*)^* = z$
- $|z| = |z^*|$
- $z + z^* = 2\,\Re(z)$
- $z - z^* = 2i\,\Im(z)$
- $zz^* = |z|^2$
- $(z_1 + z_2)^* = z_1^* + z_2^*$
- $(z_1 z_2)^* = z_1^* z_2^*$

2.2 複素平面

一つの複素数 $z = x + iy$ は 1 組の実数の組（順序対）(x, y) によって特徴付けることが可能である。この (x, y) を 2 次元平面上の点に対応させることによって、複素数を平面上の点と一対一に対応付けることが可能である。このように複素数に対応させた平面のことを複素平面と呼ぶ。
複素平面は抽象的に定義された複素数を直感的に理解する手助けになるものであり、有用である。

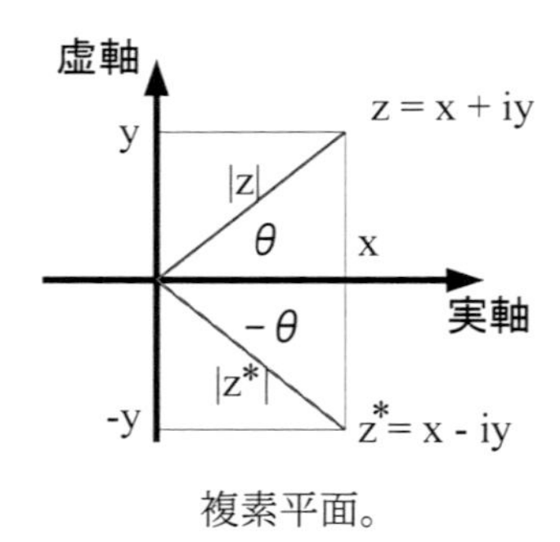

複素平面。

2.3 正則関数

2.3.1 複素関数の微分

複素関数 f は以下の極限値が存在する場合

$$\frac{df}{dz} = \lim_{z \to z_0} \frac{f(z) - f(z_0)}{z - z_0} \tag{2.1}$$

f は $z = z_0$ において複素関数として微分可能であると言う。微分可能な複素関数のことを正則関数と呼ぶ。

2.3.2 コーシー・リーマンの関係式

複素関数 $f(z) = u(x,y) + iv(x,y)$（ただし $z = x + iy$）が $z = z_0$ で正則であるならば、

$$\frac{\partial u}{\partial x} = \frac{\partial v}{\partial y}, \quad \frac{\partial u}{\partial y} = -\frac{\partial v}{\partial x} \tag{2.2}$$

が $z = z_0$ で成り立つ。これをコーシー・リーマンの関係式と言う。

$\Delta z \to 0$ が $\Delta x \to 0$ の場合を考えれば、

$$\lim_{\Delta x \to 0} \frac{f(z + \Delta x) - f(z)}{\Delta x} = \lim_{\Delta x \to 0} \frac{u(x + \Delta x, y) - u(x,y)}{\Delta x} + i \lim_{\Delta x \to 0} \frac{v(x + \Delta x, y) - v(x,y)}{\Delta x} = \frac{\partial u(x,y)}{\partial x} + i \frac{\partial v(x,y)}{\partial x}$$

同様に $\Delta z \to 0$ が $i\Delta y \to 0$ の場合を考えれば、

$$\lim_{\Delta y \to 0} \frac{f(z + i\Delta y) - f(z)}{i\Delta y} = \lim_{\Delta y \to 0} \frac{u(x, y + i\Delta y) - u(x,y)}{i\Delta y} + i \lim_{\Delta y \to 0} \frac{v(x, y + i\Delta y) - v(x,y)}{i\Delta y} = -i \frac{\partial u(x,y)}{\partial y} + \frac{\partial v(x,y)}{\partial y}$$

微分可能であるためには、両者は実数部分と虚数部分がそれぞれ等しくなる必要があるので、コーシー・リーマンの関係式が得られる。

また、コーシー・リーマンの関係式を満たしていれば、微分可能になることは容易に推測できるであろう。

2.4 指数関数

複素数を引数とする指数関数の微分は虚数を実数の定数と同様に扱って計算すれば良い。例えば、$\frac{d}{d\theta} e^{i\theta} = ie^{i\theta}$ である。従って、

$$\frac{d^n}{d\theta^n} e^{i\theta} = i^n e^{i\theta} \tag{2.3}$$

である。

2.4.1 オイラーの公式

複素数を引数とする指数関数と三角関数の間には、

$$e^{i\theta} = \cos\theta + i \sin\theta \tag{2.4}$$

があり、オイラーの公式と言う。

2.4.2　ド・モアブルの公式

オイラーの公式と指数関数の性質から

$$(\cos\theta + i\sin\theta)^n = \cos n\theta + i\sin n\theta \tag{2.5}$$

が成り立ち、これをド・モアブルの公式と言う。

問題

問題 2.1 複素数の基本的な性質を確認せよ。

問題 2.2 二つの複素数 α, β の大きさが両方とも 1 より小さい場合、次の不等式

$$\left|\frac{\alpha - \beta}{1 - \alpha^* \beta}\right| < 1$$

が成り立つことを示せ。

問題 2.3

1. $|z_1| \le 1, |z_2| \le 1,$ ならば、$|z_1 + z_2| \le 2$ となることを複素平面を使って説明せよ。
2. $|z_1| \le 1, |z_2| \le 1,$ ならば、$|z_1 + z_2| \le 2$ となることを計算によって説明せよ。
3. 任意の z_1, z_2 に対して $|z_1 - z_2| \le |z_1| + |z_2|$ となることを複素平面を使って説明せよ。
4. 任意の z_1, z_2 に対して $|z_1 - z_2| \le |z_1| + |z_2|$ となることを計算によって説明せよ。

問題 2.4 以下の複素数に対して極形式 $z = r(\cos\theta + i\sin\theta)$ を求めよ。

1. $z = \sqrt{3} + i$
2. $z = -1 + \sqrt{3}i$
3. $z = i$

問題 2.5 $z_1 = \cos\theta_1 + i\sin\theta_1,\ z_2 = \cos\theta_2 + i\sin\theta_2$ とする。

1. z_1/z_2 を計算せよ。
2. z_2 で割ることの複素平面上の意味を説明せよ。

問題 2.6 オイラーの公式を証明せよ。

問題 2.7 オイラーの公式を用いて、以下の計算を行え。
ヒント：$e^{i(\theta_1+\theta_2)} = e^{i\theta_1}e^{i\theta_2}$

1. $\cos(\theta_1 + \theta_2)$
2. $\cos(\theta_1 - \theta_2)$
3. $\sin(\theta_1 + \theta_2)$
4. $\sin(\theta_1 - \theta_2)$

問題 2.8 ド・モアブルの公式を使って以下の方程式の解を求めよ。

1. $z^3 = 1$
2. $z^4 = 1$
3. $z^4 = -1$

問題 2.9 以下の計算を行え。

1. $i^i =$
2. $\sqrt{i} =$

問題 2.10 複素数関数 $f(z) = \sin z = (e^{iz} - e^{-iz})/2i$ について

1. $f(x+iy) = u(x,y) + iv(x,y)$ としたときの u, v を求めよ。
2. $|\sin z|$ を計算せよ。$|\sin z| > 1$ となる z は存在するか？
3. $\sin z = 0$ の方程式を解け。

問題 2.11 以下の関数の微分可能性について微分の定義に基づいて判定せよ。

1. $f(z) = z^*$
2. $f(z) = (z^*)^2$
3. $f(z) = e^z$

問題 2.12 以下の関数の微分可能性についてコーシー・リーマンの関係式から判定せよ。

1. $f(z) = z^*$
2. $f(z) = (z^*)^2$
3. $f(z) = e^z$

問題 2.13 複素関数 $\sin z = (e^{iz} - e^{-iz})/2i, \cos z = (e^{iz} + e^{-iz})/2$ について

$$\frac{d \sin z}{dz} = \cos z, \frac{d \cos z}{dz} = -\sin z \tag{2.6}$$

であることを示せ。

問題 2.14

1. 以下の微分方程式（y_0, k は定数）
$$\frac{d^2 y}{dx^2} + \frac{dy}{dx} + y = y_0 e^{ikx}$$
で $y = y_1 e^{ikx}$ が解になるように、定数 y_1 を定めよ。
2. 以下の微分方程式（y_0, ω は定数）
$$\frac{\partial^2 y}{\partial x^2} + \frac{\partial y}{\partial x} + y = y_0 e^{i\omega t}$$
で $y = y_1 e^{i\omega t}$ が解となるように定数 y_1 を定めよ。

第3章

バンド構造

物質の電気的な性質の違いを電子のバンド構造の違いから理解する。

3.1 原子の電子軌道

原子は中心に正の電荷を持った原子核があり、その周囲には正の電荷に引きつけられて安定に存在する電子の軌道がある。詳細は量子力学による理解が必要だが、電子の軌道は連続的に変化できず、状態を表す変数 n が $n = 1, 2, 3, \ldots$ のように離散的な値を取る。それらの状態のエネルギーを模式的に表すと図 3.1 のようになる。電子が無限遠にある場合のエネルギーをゼロとして図示していることに注意。

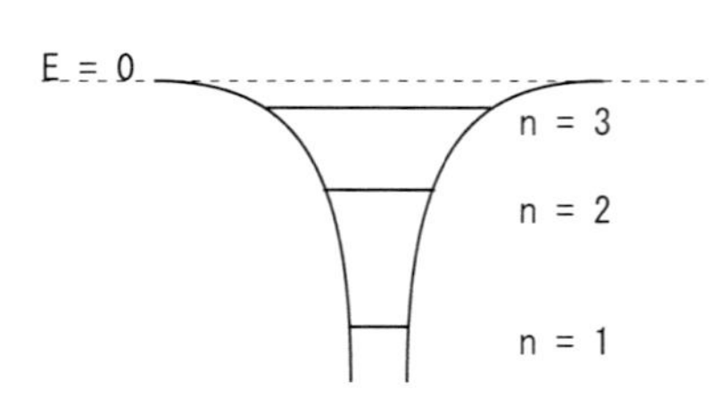

図 3.1　正の電荷を持つ原子核に捉えられた電子のエネルギー。実線は電子の軌道半径が連続的に変化することができる場合の電子のエネルギーの変化を示す。量子力学的効果のために、電子のエネルギーは離散的になる。

3.2 バンド

図 3.1 は孤立した原子（と電子）の様子を表していた。さて、2 個の原子が近づいて相互作用するようになるとどのようになるだろうか? 相互作用することを、図 3.2 のようにポテンシャルの形が変化することで表している。相互作用している原子の場合の電子のエネルギーは僅かに異なった 2 つのエネルギーに分裂する。

固体中では無限と言って良いほど多数の原子が相互作用しており、エネルギーは多数に（離散的に）分裂する。ただし、そのエネルギー差は非常に小さいので、ある範囲でほとんど連続と考えて良いエネルギーのバンド構造ができる。バンドの中には完全に電子が詰まっているバンド、電子が全く入っていないバンド、電子によって一部分満たされているバンドが考えられる。これらの違いが物質の電気伝導度の違いをもたらす。

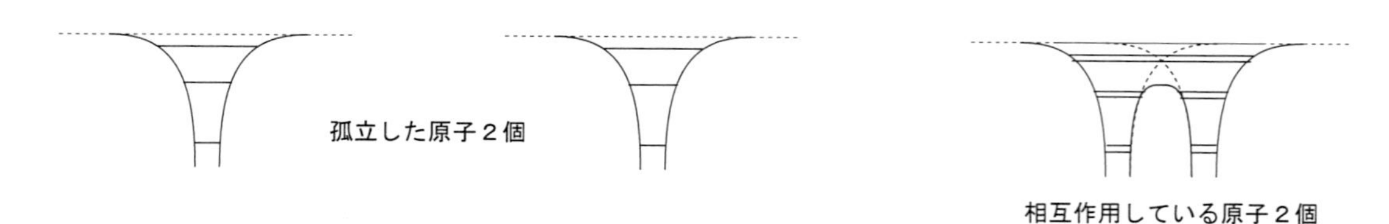

図 3.2　孤立した原子 2 個の電子のエネルギーと相互作用している原子 2 個の電子のエネルギー。相互作用している原子の場合の電子のエネルギーは僅かに異なった 2 つのエネルギーに分裂する。

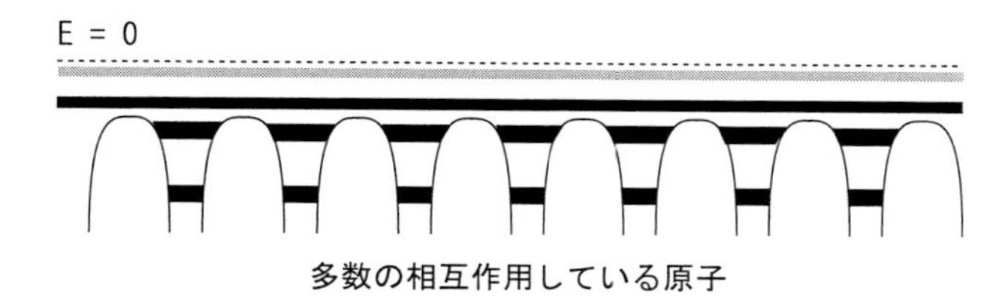

図 3.3 固体中では多数の原子が相互作用しているため、電子のエネルギーはバンド構造を持つ。

3.3 電気伝導とバンド構造

完全に電子で詰まっているバンドでは、ある電子が左に動くと他の電子は右に動いているはずである。従って、このバンドは電気伝導に寄与することはない。一方、電子の存在しないバンドでは、電気伝導は起こりようがない。従って電気伝導に寄与するバンドは完全には詰まっていないバンドである。

金属とは絶対零度でも完全につまっていないバンドが存在する物質である。金属では温度が上昇すると、原子が振動し電子の運動を妨げるようになる。従って、金属の場合電気伝導度は温度上昇に伴い減少する。

絶縁体は完全に電子で詰まっているバンドと全く電子の存在しないバンドのみを持った物質である。先の議論のように電気は流れない。

半導体のバンド構造は絶縁体のバンド構造と同じである。違いは完全に詰まっているバンドと詰まっていないバンドのエネルギー差が小さく、電子が熱エネルギーを得ると、完全に詰まっているバンドから詰まっていなかったバンドに飛び移ることができる点である。従って、熱エネルギーの小さい低温では、半導体は絶縁体となり、絶縁体と半導体の本質的な違いは存在しない。しかし、半導体では温度の上昇に伴い電気伝導に寄与する電子と正孔が増えるので、電気伝導度は大きくなる。

絶縁体と金属の違いは電気抵抗の大きさではなく、その機構によって区別されるべきである。別の言い方をすれば、温度が上昇した時電気抵抗が大きくなる物質を「金属」と呼び、電気抵抗が減少する物質は「半導体（絶縁体）」と考える。

3.4 Si や Ge などの半導体

Si や Ge などの物質では最外殻の電子の数は 4 であり、隣の原子とそれらの電子を共有すること（共有結合）によって、結晶（固体）を作っている。実際の Si や Ge の結晶構造は 3 次元的なダイヤモンド構造であるが、わかりやすいように 2 次元的に描いた図 3.4 を示す。この共有結合に寄与している電子が熱的な励起によって原子の束縛から逃れるとその電子は自由（伝導）電子になり、電子が抜けた穴は正孔になる。従って、前節で述べたように温度の上昇に伴い電気抵抗は減少する。このような純粋な（不純物を含んでいない）半導体は真性半導体と呼ばれる。

真性半導体では室温で自由電子と正孔の十分な熱的励起が行われず、自由電子と正孔の密度は大きくない。言い換えると室温における電気抵抗はトランジスタなどの素子に用いるには大きすぎる。そこで、トランジスタなどの素子として使われる半導体では不純物を導入して伝導電子や正孔の数（密度）を制御している。純度の高い Si や Ge にリン P、ヒ素 As やアンチモン A のような最外殻の電子の数が 5 この原子を微量に混ぜると n 型半導体になる。この場合、図 3.5 の左の図に表されるように、5 こめの電子は共有結合に寄与せず、不純物原子に緩く束縛される。別の言い方をすれば、熱的に励起されると自由電子になりやすいということである。一方、硼素 B、アルミニューム Al やガリウム Ga のような最外殻の電子が 3 この原子を不純物として導入すると、共有結合を行うために電子が足りない。ここは、電子を取り込もうとする傾向があるので、周囲の共有結合に寄与している電子が取り込まれる。取り込まれた電子の穴は正孔になる。

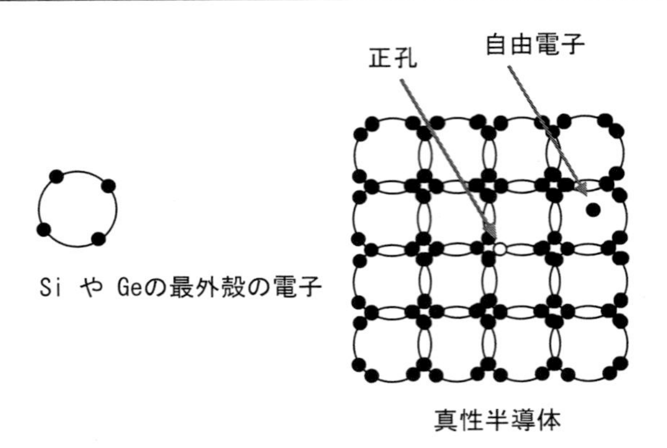

図 3.4　真性半導体では、熱的に励起された電子と自由電子が同数存在する。

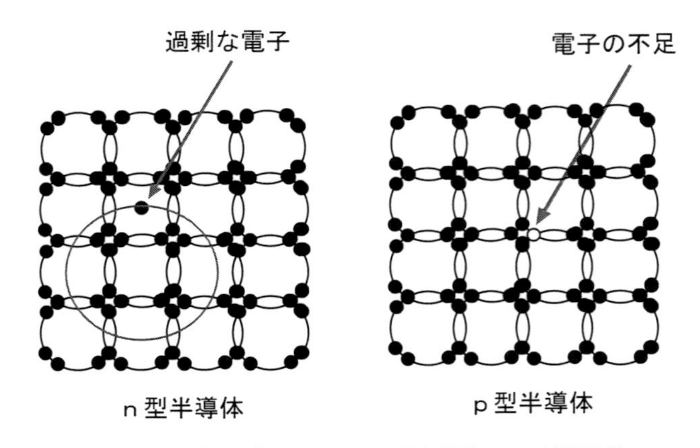

図 3.5　不純物の導入による n 型半導体と p 型半導体。

問題

問題 3.1

GaAs を使った半導体素子がある。図 3.5 と同様な図を描いて、GaAs 基板が Si や Ge の基板のように用いることができることを説明せよ。

第 4 章

単位系について

エレクトロニクスで使われる単位系の構成を物理法則から概観する。

4.1 SI 単位系

本講義では現在の標準である SI 単位系（EB 対応）による単位系を用いる。SI 単位系の基本単位は、

- 質量の単位 kg
- 時間の単位 s
- 長さの単位 m
- 電流の単位 A

である。以下では電流 I の単位を $[I] = \mathrm{A}$ のように物理量と単位の関係を

[物理量]=単位

のように記述する。ベクトル量の場合はその大きさの単位を表すものとする。

4.2 電界に関する単位

4.2.1 電気量（電荷）

電流 I は単位時間内にある断面を通過する電荷量 Q である。すなわち、$Q = It$ である。ここで t は電流を流した時間で $[t] = \mathrm{s}$ である。従って、電気量の単位 C は、

$$\mathrm{C} = [Q] = [It] = \mathrm{A\,s} \tag{4.1}$$

となる。

4.2.2 電界

電界は単位電荷を置いたときに作用する力 $\vec{F} = \vec{E}Q$ によって定義されるので、

$$[\vec{F}] = [\vec{E}][Q]$$

である。

$$[\vec{F}] = \mathrm{m\,kg\,s^{-2}}$$

であるから、電界 $\vec{E}$ の単位は

$$[\vec{E}] = \mathrm{m\,kg\,s^{-3}\,A^{-1}} \tag{4.2}$$

となる。

4.2.3　電位（静電ポテンシャル）

静電ポテンシャル ϕ の勾配を取れば、次の式によって

$$-\vec{\nabla}\phi = \vec{E}$$

電界が得られる。ここで $\vec{\nabla} = (\partial_x, \partial_y, \partial_z)$ を思い出せば、$[\vec{\nabla}] = \mathrm{m^{-1}}$ であることが分るであろう。従って、

$$[\phi] = \mathrm{m^2\,kg\,s^{-3}\,A^{-1}} \tag{4.3}$$

となる。

4.2.4　誘電率

クーロンの法則は

$$\vec{F} = \frac{1}{4\pi\epsilon_0}\frac{Q_1 Q_2}{r^2}\frac{\vec{r}}{r} \tag{4.4}$$

と表される。ここで ϵ_0 は真空の誘電率である。

$$[\vec{F}] = \mathrm{kg\,m\,s^{-2}},\ \left[\frac{Q_1 Q_2}{r^2}\frac{\vec{r}}{r}\right] = \frac{\mathrm{A^2\,s^2}}{\mathrm{m^2}}$$

だから、

$$[\epsilon_0] = \mathrm{m^{-3}\,kg^{-1}\,s^4\,A^2} = \mathrm{Fm^{-1}} \tag{4.5}$$

となる。ϵ_0 は 2019 年の SI の改訂によって、定義値から測定値

$$\epsilon_0 = 8.8541878128(13) \times 10^{-12}\ \mathrm{Fm^{-1}}$$

に変更された。数値は、有効桁 3 桁覚えていれば十分である。

4.3　磁界に関する単位

単極磁荷は発見されていないので、磁場の単位は電流を基礎としたものになる。

4.3.1　磁界

アンペールの法則

$$\oint \vec{H}\cdot d\vec{r} = \sum_i I_i$$

より、磁界 $\vec{H}$ の単位は

$$[\vec{H}] = \mathrm{m^{-1}A} \tag{4.6}$$

となることが分る。

4.3.2　磁気量（磁荷）

単極磁荷は発見されていないので、EB 対応では電荷に対応する磁荷は存在しないと考える。存在しないものの単位を考えることは奇妙であるが、仮想的な単極磁荷を考えると便利な場合もあるので、その単位について考察しよう。電界と同様に磁界 $\vec{H}$ は単極磁荷 Q_m に作用する力 $\vec{F}$ と

$$\vec{F} = \vec{H} Q_m$$

のように関係付けることができるので、磁荷 Q_m の単位は、

$$[Q_m] = \mathrm{m^2\,kg\,s^{-2}\,A^{-1}} \tag{4.7}$$

となる。ここで、$[Q_m] = \mathrm{Wb}$ と書きウェーバーと読む。

4.3.3　透磁率

磁気に関するクーロンの法則は

$$\vec{F} = \frac{1}{4\pi\mu_0} \frac{Q_{m1} Q_{m2}}{r^2} \frac{\vec{r}}{r} \tag{4.8}$$

と表される。ここで μ_0 は真空の透磁率である。

$$[\vec{F}] = \mathrm{kg\,m\,s^{-2}}, \left[\frac{Q_{m1} Q_{m2}}{r^2} \frac{\vec{r}}{r}\right] = \mathrm{m^2\,kg^2\,s^{-4}\,A^{-2}}$$

だから、

$$[\mu_0] = \mathrm{m\,kg\,s^{-2}\,A^{-2}} \tag{4.9}$$

となる。ここで μ_0 は、2019 年の SI の改訂によって、定義値から測定値

$$\mu_0 = 1.25663706212(19) \times 10^{-6}\ \mathrm{NA^{-2}}$$

に変更された。

問題

問題 4.1

電束密度 $\vec{D} = \epsilon_0 \vec{E}$ で、磁束密度 $\vec{B} = \mu_0 \vec{H}$ である。電束密度と磁束密度の単位を求めよ。

問題 4.2

$Q = CV$ と $V = -L\dfrac{d}{dt}I$ が成り立っている場合、C, L の単位を求めよ。ここで C, L はそれぞれコンデンサーの容量とコイルのインダクタンスである。

第 5 章

直流回路

コイルやコンデンサーを含む一般の電子回路を考察する前に、準備として直流電源と抵抗のみを含む電子回路を考える。これは典型的な線形応答システムである。

トランジスタやダイオードなどの能動素子を含む系は多くの場合、非線形であるが、ある範囲内では線形と見なすことができる場合も多い。従って、線形応答に対する理解は重要である。

5.1 オームの法則

導体内には自由に動くことのできる電荷が存在するので、もしも電場が一定に保たれるならば電荷の移動が継続する＝「電流」が得られる。特に時間的に変化しない電流を「定常電流」と言う。ここでは定常電流のみを考える。

5.1.1 オームの法則

針金の両端に一定の電圧 V（単位は V）を与えると定常電流 I（単位は A）が得られる。この定常電流は電圧に比例する。この事実をオームの法則と呼び、この時の比例定数を抵抗と言う。記号としては R を通常用いる。すなわち、

$$V = RI \tag{5.1}$$

となる。抵抗の単位は V/A であるが、これをオームと呼び Ω で表す。

5.1.2 抵抗率

電気抵抗の値 R は導体の種類による他、その長さや断面積、さらに測定温度にも依存する。長さ L（単位は m）、断面積 S（単位は m^2）の一様な物質の温度 T（単位は K）における電気抵抗 $R(T)$（単位は Ω）は

$$R(T) = \rho(T)\frac{L}{S} \tag{5.2}$$

で表される。$\rho(T)$ は抵抗率（または比抵抗）と呼ばれ、物質に固有な量である。また、その単位は $\Omega\cdot\mathrm{m}$ である。$\rho(T)$ は室温付近では近似的に

$$\rho(T) = \rho(T_0)\{1 + \alpha(T - T_0)\} \tag{5.3}$$

と表せる。ここで α は抵抗の温度係数と呼ばれる。T_0 は室温付近の任意の温度である。

金属がこのような温度依存性を示すことは、伝導電子のフォノンによる散乱によって理解することができる。ここでは、フォノンによる散乱に線形性[*1]を仮定しているので、オームの法則に線形性[*2]が現れている。詳細は、

[*1] 例えば、フォノンの数が増えれば、比例して電子は強く散乱される。

[*2] 電流と電圧が比例する。

http://www.phys.kindai.ac.jp/users/kondo

にある固体物理の講義ノートを参照のこと。

5.2 基本法則 I

5.2.1 電圧源、電流源

回路網において、

- 電圧源とは、そこを流れる電流に依存せずに電位差を任意に設定できる枝
- 電流源とは、枝の両端の電位差に依存せず電流を任意に設定できる枝

のことである。

5.2.2 キルヒホッフの法則

第一法則

回路網のある接続点（分岐点）を考え、そこに流入する電流の総和を考える。流れ込む電流の符号を正とすると

回路網の任意の接続点（分岐点）で電流の総和はゼロである

となる。これを第一法則と言う。物理学のより一般的な法則から捉えれば、電荷の保存則に他ならない。

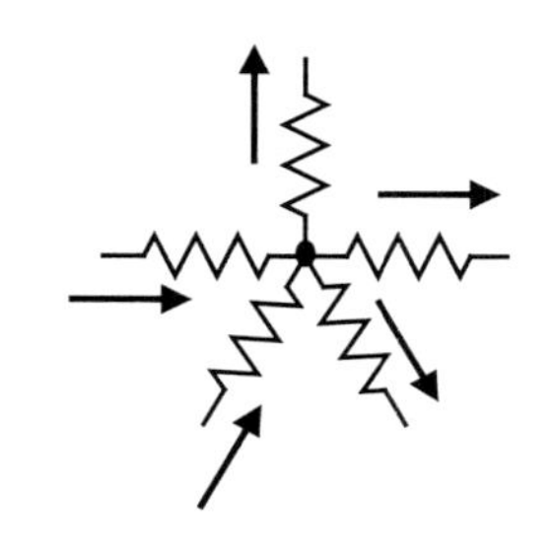

図 5.1 キルヒホッフの第一法則。

第二法則

回路網の中に任意の閉じた経路を考え、そこに現れる電位差を考える。右回りを正の向きにとると（左回りにとっても同じ）、

その閉じた経路に沿って一周すると、電位差の総和はゼロである

となる。これをキルヒホッフの第二法則と言う。より一般的な物理の法則として捉えれば電圧がポテンシャルになっていることを示している。
もしも、電位差の総和がゼロでなければ、有る回路のある点の電位が周囲を一周した場合と二周した場合で異なった電位を示すことになってしまう。電位は経路によらず一意的に決まると考える（電位はポテンシャル）という仮定に反する。

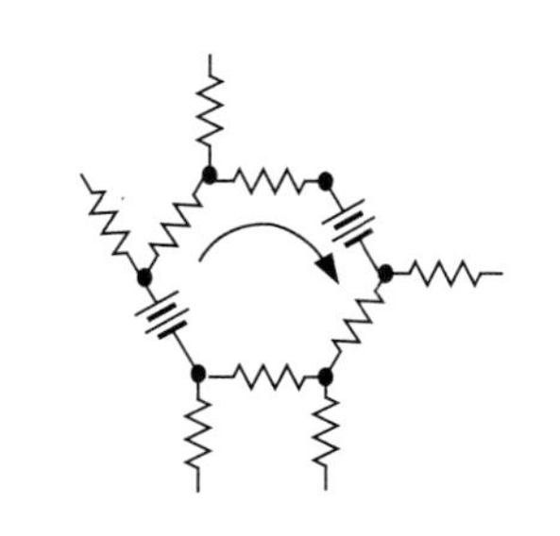

図 5.2 キルヒホッフの第二法則。

5.2.3 テレゲンの定理

エネルギー保存の法則は電子回路では、テレゲンの定理として表される。

任意の回路で、各枝における電圧 v_i と電流 j_i の積（電力 $v_i j_i$）を計算するとその総和はゼロである。すなわち、

$\sum_i v_i j_i = 0$ となる。

5.3　典型的な回路

5.3.1　分圧

抵抗 R_1 と R_2 が直列につながった回路を考える。両抵抗の両端の電圧 V_1 と V_2 を求めよう。抵抗は直列に繋がれているので、両抵抗に流れる電流は等しく、それを I としよう。電池の電圧 V は

$$V = V_1 + V_2 \tag{5.4}$$

のように、分割される。ただし、$V_i = R_i I$ である。このような回路を分圧回路と呼ぶ。

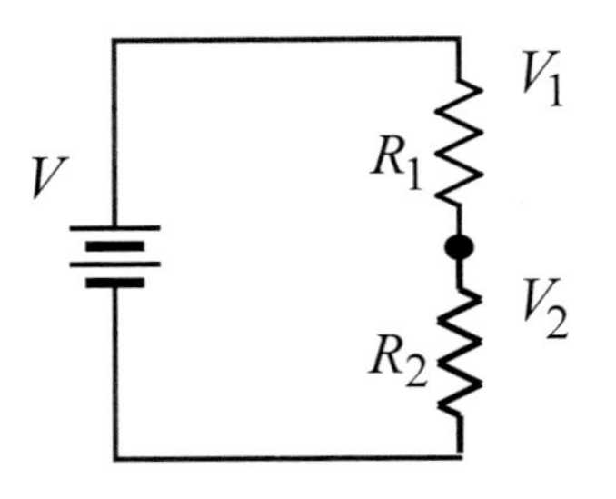

図 5.3　抵抗の直列接続回路。

5.3.2　分流

抵抗 R_1 と R_2 が並列につながった回路を考える。両抵抗に流れる電流 I_1 と I_2 を求めよう。抵抗は並列に繋がれているので、両抵抗にかかる電圧は等しく、V である。電池から流れる電流 I は

$$I = I_1 + I_2 \tag{5.5}$$

のように、分割される。ただし、$I_i = V/R_i$ である。このような回路を分流回路と呼ぶ。

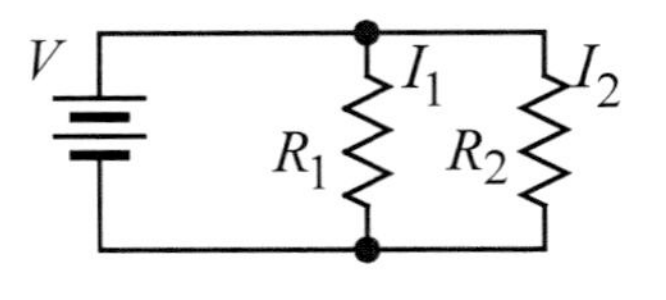

図 5.4　抵抗の並列接続回路。

5.3.3　抵抗の合成：直列接続と並列接続

分圧、分流回路から明らかなように、抵抗 $R_1, R_2, \ldots$ が直列に接続されている場合、その合成抵抗は

$$R = R_1 + R_2 + \ldots$$

となる。一方、並列接続の場合は

$$\frac{1}{R} = \frac{1}{R_1} + \frac{1}{R_2} + \ldots$$

となる。

5.3.4　抵抗測定

電気抵抗を測定する場合、オームの法則に基づいて抵抗に流れる電流と抵抗の両端の電圧を測定すればよい。主として以下の二つの方法が用いられる。

2 端子法　図 5.5(a) に示すように配線を行う。抵抗につなぐ線の数は 2 本である。

4 端子法　図 5.5(b) に示すように配線を行う。抵抗につなぐ線の数は 4 本である。

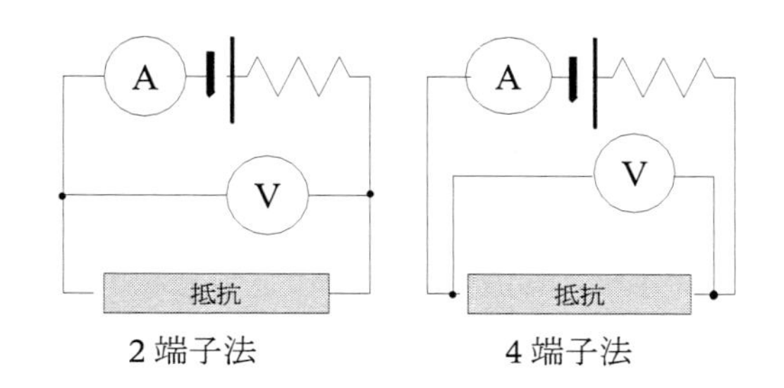

図 5.5　測定原理。2 端子法と 4 端子法の比較。電池に繋がれた抵抗は大きな電流が流れないようにするための電流制限抵抗である。

5.4　基本法則 II

電子回路における線形性に由来した基本法則について考察しよう。

5.4.1　重ね合わせの原理

電子回路の線形性により、

複数の電源を含む回路を流れる電流は、個々の電源による電流を加算したものに等しい

ことがすぐ分る。簡単なことではあるが、回路解析の上で有用である。

5.4.2　鳳-テブナンの定理

多数の直流電圧源 v_i、直流電流源 j_i、それに抵抗 R_i で作られた回路を考える。この回路の中の 2 つの節点を考えて、その回路の端子対（2 端子、port と呼ばれる）としよう。この端子対を通じて、回路にパワーを供給することができる。以下の鳳（「ほう」と読む）- テブナンの定理を用いると、回路をブラックボックス化することができ、解析を行う上で有用である。

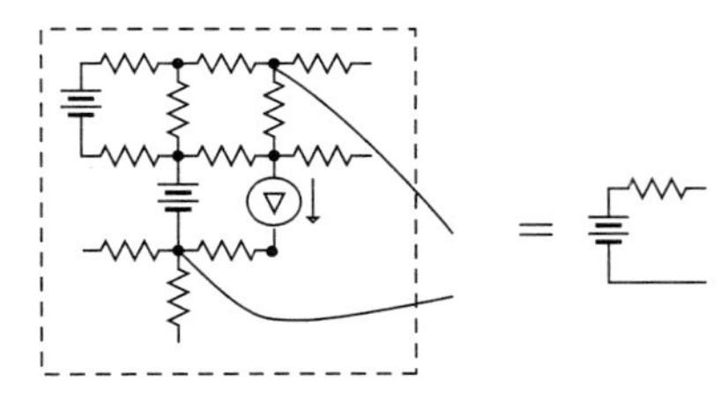

図 5.6　鳳－テブナンの定理。

回路に含まれるすべての電圧源を短絡し、すべての電流源を開放した時の回路の合成抵抗が R であるとしよう[*3]。次に、何も接続しないときに端子対に現れる電圧は v であった。この端子対に抵抗 R_0 を接続すると電流 $i = \dfrac{v}{R + R_0}$ が流れる。

証明は電子回路の線形性を用いて行う。端子対に抵抗 R_0 を繋いだ回路は、図 5.7 に示すように、

- 電圧源は短絡し、電流源は開放して抵抗のみのネットワークによる合成抵抗と外部に電圧 v をもつ電圧源と抵抗 R_0 の直列接続回路（右辺左側）
- 端子対に現れる電圧をキャンセルするように電圧源を接続した回路（右辺右側）

---

*3　電圧源を短絡するのは、電圧源には電流が流れることによる電位差が生じないことに対応する。一方、電流源を開放するのは枝の両端の電位差に関係なく一定の電流が流れることに対応する。

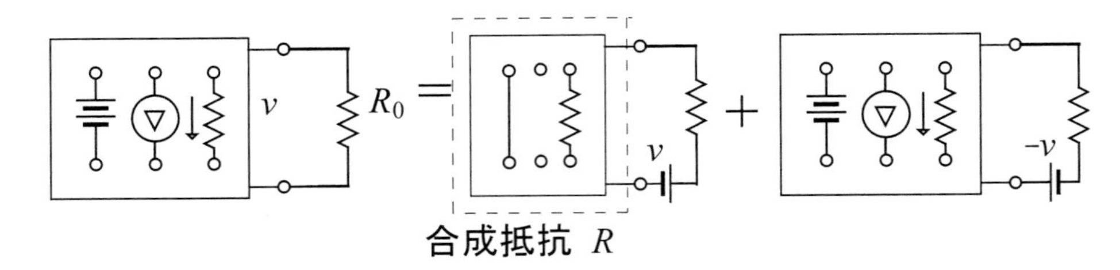

図 5.7　鳳－テブナンの定理の証明。左辺の回路は右辺の二つの回路の重ね合わせと考えることができる。一番右側の回路に電流は流れないことに注意。

の二つの回路の重ね合わせと考えることができる。右辺右側の回路の R_0 には電流が流れない。従って、回路の線形性により右辺左側の R_0 に流れる電流は左辺の回路の R_0 に流れる電流と同じである。

同様に電流源と並列に接続された抵抗によって、等価回路を作ることもできる。

> 回路に含まれるすべての電圧源を短絡し、すべての電流源を開放した時の回路の合成抵抗が R であるとしよう。次に、端子間を短絡した時に流れる電流が j であった。この端子対に抵抗 R_0 を接続すると、電圧 $v_0 = \frac{RR_0}{R+R_0}j$ が生じる。

図 5.8 を証明すれば十分であろう。左側の回路の抵抗 R_0 に流れる電流 j_0 は $j_0 = \frac{v}{R+R_0}$ である。一方右側の回路で R_0 に流れる電流は、$\frac{1/R_0}{1/R+1/R_0}j$ である。ここで、$j = v/R$ ととれば、$j_0 = \frac{v}{R+R_0}$ となり、左側の回路で抵抗 R_0 に流れる電流と同じ電流が右側の回路の抵抗 R_0 に流れるようにすることができる。

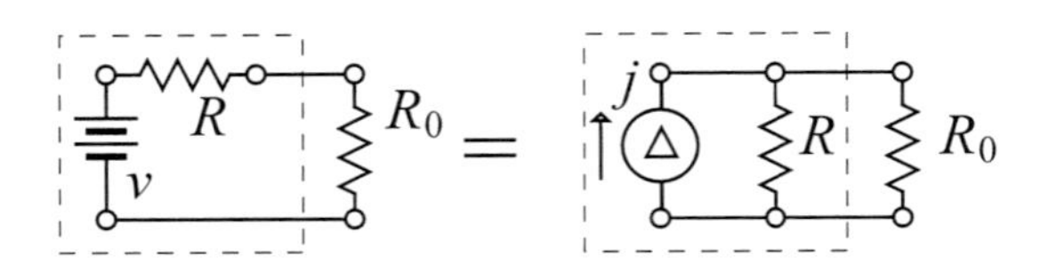

図 5.8　任意の回路は電流源とそれに並列に接続された抵抗と等価である。

問題

問題 5.1

右図のような回路の各抵抗に流れる電流を

1. キルヒホッフの法則
2. 重ね合わせの原理

を用いた二通りの方法で求めよ。

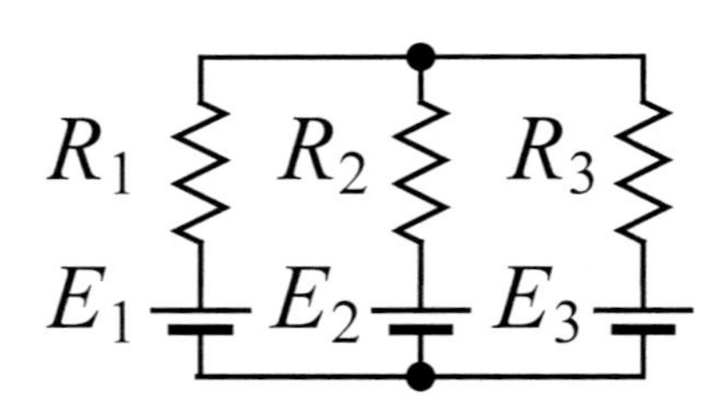

問題 5.2

右図のようなホィートストン・ブリッジを考えよう。R_5 の両端の接続点を端子対と考えて鳳-テブナンの定理を適用せよ。

1. R_5 の抵抗が無限大の場合、その両端にかかる電圧を求めよ。
2. 電源を短絡した場合、R_5 からみた回路の合成抵抗を求めよ。
3. R_5 に流れる電流を求めよ。

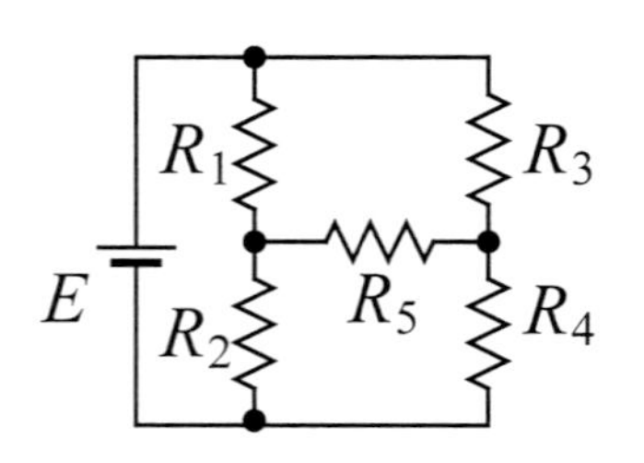

第 6 章

交流回路におけるコイルとコンデンサー

コイルやコンデンサーは過去の状態に応じて現在の状態が決まっている。言い換えるとシステムの状態を記憶する素子と考えることができる。

6.1　微分方程式と基本回路素子

時間的に $V(t) = V_0 \cos\omega t$ で振動する起電力を「交流起電力」と言う。ここで、ω は「角周波数」、$f = \omega/2\pi$ を「周波数」と言う。以下に抵抗 R、コイル L、そしてコンデンサー C に流れる交流電流を微分方程式を解くことによって考察する。

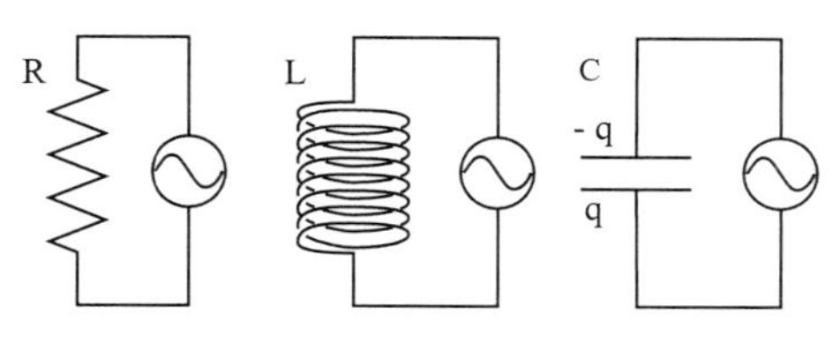

図 6.1　交流回路

6.1.1　抵抗

各瞬間毎にオームの法則が成り立つから[*1]、回路に流れる電流 $I(t)$ は $V(t) = V_0 \cos\omega t = RI(t)$ である。よって、$I(t) = \dfrac{V_0}{R}\cos\omega t$ となる。

6.1.2　コイル

交流起電力とコイルの自己誘導起電力を足し合わせるとゼロになるので、$V(t) - L\dfrac{dI}{dt} = V_0\cos\omega t - L\dfrac{dI}{dt} = 0$ となる。よって、$I(t) = \dfrac{V_0}{L}\displaystyle\int \cos\omega t dt = \dfrac{V_0}{\omega L}\cos(\omega t - \pi/2)$ となる。

6.1.3　コンデンサー

交流起電力とコンデンサーの両端の電圧を加えるとゼロになるので、$V(t) - Q/C = 0$ である。よって、$I(t) = \dfrac{dQ}{dt} = C\dfrac{dV}{dt} = C\dfrac{dV_0\cos\omega t}{dt} = V_0\omega C\cos(\omega t + \pi/2)$ となる。

[*1] 抵抗はダイナミカルシステムにおける状態を記憶する素子にはならない。

6.1.4 実効値

抵抗 R に交流電圧 $V(t)=V_0\cos\omega t$ をかけた場合、消費される電力 $V^2(t)/R$ の時間平均は

$$<\frac{V^2(t)}{R}>_{\text{時間平均}}=\frac{1}{T}\int_0^T\frac{V_0^2}{R}\cos^2\omega t dt=\frac{V_0^2}{R}\frac{1}{T}\int_0^T\frac{1+\cos 2\omega t}{2}dt=\frac{1}{2}\frac{V_0^2}{R}$$

になる。T は周期である。「実効値」$V_e=\dfrac{V_0}{\sqrt{2}}$ を考えると消費される電力は $\dfrac{V_e^2}{R}$ と表され、直流の場合と同様になるので便利である。同様に電流の実効値 $I_e=\dfrac{I_0}{\sqrt{2}}$ を考えることもできる。

コイルやコンデンサーに交流電圧がかかる場合、そこに流れる電流の「位相」は電圧の位相と異なっている。コイルの場合は電流の位相は電圧の位相より $\pi/2$ だけ遅れている。一方、コンデンサーの場合は電流の位相は電圧の位相より $\pi/2$ だけ進んでいる。このように電圧と電流の位相 ϕ が異なっている場合、その位相差の余弦（$\cos\phi$）を「力率」と言う。交流回路で消費される電力は電圧と電流の実効値と力率を用いて、$I_eV_e\cos\phi$ と表すことができる。特にコイルだけ、またはコンデンサーだけしかない回路では力率はゼロであり、電力は消費されない。

6.1.5 電気振動

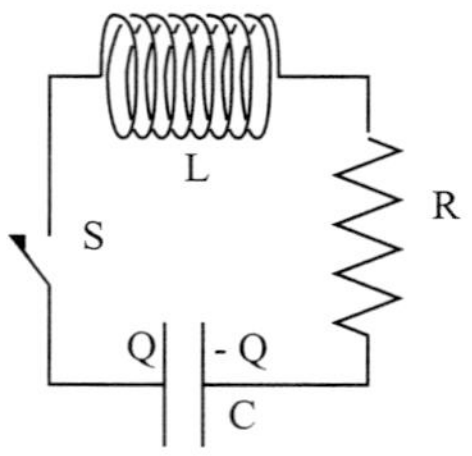

図 6.2 の回路でコンデンサー C に電荷 Q_0 を蓄えた後、スイッチ S を閉じる。この時、回路に流れる電流を $I(t)$ とすると、$I(t)=\dfrac{dQ(t)}{dt}$ である。ここで $Q(t)$ は各瞬間においてコンデンサーに蓄えられている電荷である。
回路を一周する時の起電力の総和は

$$0=L\frac{dI(t)}{dt}+RI(t)+\frac{Q(t)}{C}=L\frac{d^2Q(t)}{dt^2}+R\frac{dQ(t)}{dt}+\frac{Q(t)}{C}$$

である。

図 6.2 電気振動

特に $R=0$ の場合は

$$\frac{d^2Q(t)}{dt^2}=-\frac{1}{LC}Q(t)$$

となるから、電荷 $Q(t)$ は

$$Q(t)=Q_0\cos(\omega_0 t+\delta)$$

の単振動を行う。ここで、$\omega_0=\sqrt{\frac{1}{LC}}$ である。また、抵抗がゼロでない場合の解は

$$Q(t)=Ae^{-\alpha t}\cos(\omega' t+\delta)$$

である。ここで、$\alpha=\frac{R}{2L}$、$\omega'=\sqrt{\frac{1}{LC}-\frac{R^2}{4L^2}}$ である。すなわち、減衰振動を行うことがわかる。液体中の単振り子と比較するとコイルが「慣性」の、コンデンサーが「復元力」の役を担っていることが分かる。抵抗はもちろん「抵抗」の役である。

6.2 複素インピーダンス

セクション 6.1 で示したように回路にコイルやコンデンサーがある場合は微分方程式を解けば、回路の振る舞いを知ることができる。しかしながら、微分方程式を解くのは大変なので以下のような考えに従って**複素インピーダンス**を導

入すると便利である。

交流起電力が

$$\phi(t) = \phi_0 \cos(\omega t + \alpha) \tag{6.1}$$

と与えられている場合を考える。この起電力によって生じる電流や電荷も同じ振動数で振動するであろう。従って、

$$\begin{cases} I(t) = I_0 \cos(\omega t + \beta) & (6.2a) \\ Q(t) = Q_0 \cos(\omega t + \gamma) & (6.2b) \end{cases}$$

となる。位相は異なる可能性があることに注意。そして、次のような複素数の関数を作る。

$$\begin{cases} \tilde{\phi}(t) = \phi_0 e^{i(\omega t+\alpha)} = \tilde{\phi}_0 e^{i\omega t}, \quad \text{ここで} \quad \tilde{\phi}_0 = \phi_0 e^{i\alpha} & (6.3a) \\ \tilde{I}(t) = I_0 e^{(\omega t+\beta)} = \tilde{I}_0 e^{i\omega t}, \quad \text{ここで} \quad \tilde{I}_0 = I_0 e^{i\beta} & (6.3b) \\ \tilde{Q}(t) = Q_0 e^{(\omega t+\gamma)} = \tilde{Q}_0 e^{i\omega t}, \quad \text{ここで} \quad \tilde{Q}_0 = Q_0 e^{i\gamma} & (6.3c) \end{cases}$$

これらの関数の実数部は物理的に意味がある式に一致する。これらの関数が解くべき微分方程式を満たしてると仮定しよう。例えば、

$$L\frac{d\tilde{I}(t)}{dt} + R\tilde{I}(t) + \frac{\tilde{Q}}{C} = \tilde{\phi}(t)$$

などである。ここで、実数部と虚数部に分けると、

$$\{L\frac{dI(t)}{dt} + RI(t) + \frac{Q}{C}\} + i\{L\frac{dI'(t)}{dt} + RI'(t) + \frac{Q'}{C}\} = \phi(t) + i\phi'(t)$$

となる。L, R, C はすべて実数だから $\{\}$ の中は実数であり、右辺と左辺でそれぞれの実数部と虚数部が等しくないといけない。従って、まず複素数の関数を用いて問題を解いた後、その実数部分のみを取り出せば物理的に意味のある解を得ることができる。

6.2.1　強制振動の解

微分方程式

$$L\frac{dI(t)}{dt} + RI(t) + \frac{Q}{C} = \phi(t) \tag{6.4}$$

を解いてみよう。これは、図 6.2 に交流起電力を直列に入れた回路の振る舞いを決定する微分方程式である。$\frac{d\tilde{Q}(t)}{dt} = i\omega\tilde{Q}_0 e^{i\omega t} = \tilde{I}_0 e^{i\omega t}$ であるから、$i\omega\tilde{Q} = \tilde{I}$ となる。同様に、$\frac{d\tilde{I}(t)}{dt} = i\omega\tilde{I}_0 e^{i\omega t}$ になるので、解くべき微分方程式は、以下の代数方程式

$$i\omega L\tilde{I} + R\tilde{I} + \frac{\tilde{I}}{i\omega C} = \tilde{\phi}$$

に変形できる。すべての項に共通な $e^{i\omega t}$ は落としていることに注意。もう少し式変形して、

$$\tilde{I} = \frac{\tilde{\phi}}{Z}, \qquad Z = R + i\big(\omega L - \frac{1}{\omega C}\big) \tag{6.5}$$

が得られる。

R が小さい場合、ω を変化させるとある特定の周波数で $\omega L - \frac{1}{\omega C} = 0$ となる。このとき、Z は小さな値になり、大きな電流が流れることになる。これは、振動子の**共鳴**と同じ現象である。式 6.5 の括弧の中がゼロになる周波数を共鳴周波数 ω_0 と呼び、

$$\omega_0 = \frac{1}{\sqrt{LC}} \tag{6.6}$$

である。

Z のことをインピーダンスと呼び、これを用いると交流回路でも直流回路に適用できたキルヒホッフの法則のような様々な解法が適用できるようになる。

6.2.2　複素インピーダンスの意味づけ

セクション 6.1 で議論したように、コイルやコンデンサーに関する微分方程式によって、各素子について入力（電流 $j(t)$）と出力（電圧 $v(t)$）が関連づけることができる。すなわち、各素子は入力と出力を結ぶダイナミクスとして表現されている。一方、回路網の観点からは $j(t)$ と $v(t)$ は流れ変数と圧変数に対応しており、流れ変数と圧変数の関係が $v(t) = Z(\omega)j(t)$ によって決定されていると考えることができる。セクション 6.1 での議論により

- コンデンサーでは $Z(\omega) = \frac{1}{i\omega C}$
- コイルでは $Z(\omega) = i\omega L$

であることが分る[*2]。セクション 6.1 では、これらを複素インピーダンスと呼んでいた。

第 5 章では、直流回路網[*3]を考察した。しかしながら、キルヒホッフの法則や鳳-テブナンの定理などは、一般に圧変数、流れ変数が定義され各枝毎にそれらの関係が定義されていれば、成立するものである。従って、第 5 章で行った議論は抵抗を複素インピーダンスに置き換えることによって、そのまま交流回路に適用することができる。

問題

問題 6.1

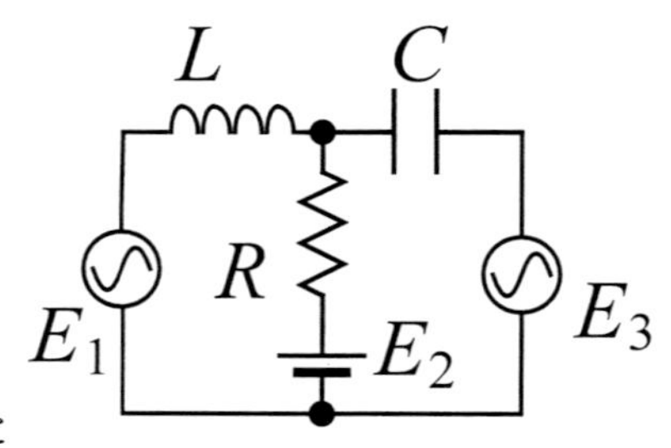

右図のような回路の各抵抗に流れる電流を

1. キルヒホッフの法則
2. 重ね合わせの原理

を用いた二通りの方法で求めよ。ただし、E_1, E_3 は $E_i(t) = E_{i,0}e^{i\omega_i t}$ とする。

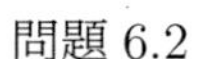

問題 6.2

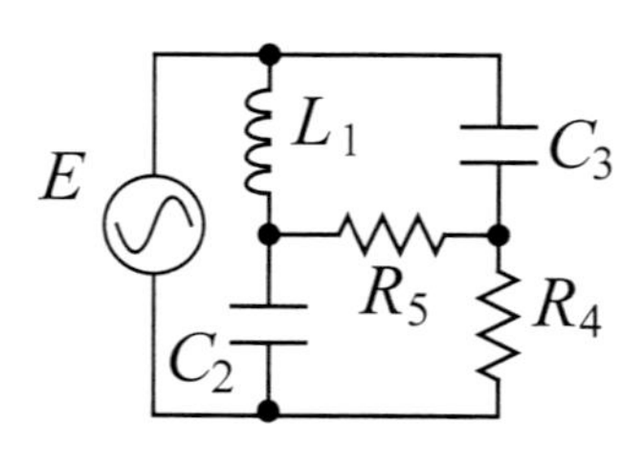

右図のようなホィートストン・ブリッジを考えよう。R_5 の両端の接続点を端子対と考えて鳳-テブナンの定理を適用せよ。交流起電力は $E = E_0e^{i\omega t}$ とする。

1. R_5 の抵抗が無限大の場合、その両端にかかる電圧を求めよ。
2. 電源を短絡した場合、R_5 からみた回路の合成インピーダンスを求めよ。
3. R_5 に流れる電流を求めよ。

[*2] 抵抗の場合 $Z(\omega) = R$ である。

[*3] 抵抗と直流電圧源、直流電流源のみからなる回路網

第 7 章

ダイナミカルシステム

電子回路の振る舞いをより一般的な立場から理解するために、線形応答システムについて考える。

7.1 ダイナミクス

ダイナミクスとは広い意味では

過去が未来に影響を与える機構

のことである。その意味で振子は初期状態が未来の状態を決定するので、ダイナミクスが存在していると言っても良い。冷蔵庫に水を入れて凍らせるときも、水温はどれだけ過去に熱を奪ったかに依存し、ダイナミクス（将来の温度を決定する機構）が存在すると言っても良いであろう。

ダイナミカルシステムを考える場合、過去の状態を記憶する機構が必ず存在する。例えば、振子の場合ならば振子の持つエネルギーが「記憶」の役割を果たすし、水を凍らせる場合には水の持つ熱量が「記憶」になる。様々なダイナミカルシステムには固有の記憶媒体によって、記憶が担われていることに注意する必要がある。人間の場合には外界の環境に合わせて、文字通りの「記憶」がそのダイナミクス（個人の行動様式）を決定する。

この「記憶」の内容をシステムの「状態」と呼び、ダイナミカルシステムの過去と未来を繋ぐインターフェイスになる。例えば、真空中を外力を受けずに運動する質点というダイナミカルシステムを考えよう。ダイナミクスを決定する機構はニュートン力学であり、このシステムの将来はこの質点の位置と運動量が分っていれば分る。すなわち、質点の「状態」はその質点の位置と運動量によって記述することができる。このことは既によく理解していることであろう。

工学的な観点からは「入力」と「出力」をもつダイナミカルシステムが重要である。入力はそのダイナミカルシステムを制御するための操作を表し、出力はその制御のためのシステムの観測量を表している。

7.2 ダイナミカルシステムの数学的な記述

時刻 t における状態を $x(t)$ とする。δt だけ未来の状態 $x(t+\delta t)$ は状態 $x(t)$ とダイナミクスを表す時刻 t におけるある関数 $f\left(x(t), u(t)\right)$ によって、

$$x(t+\delta t) - x(t) = f\left(x(t), u(t)\right)\delta t + o(\delta t^2) \tag{7.1}$$

と表すことができる。ここで $u(t)$ はダイナミクスを規定する外部変数であり、$o(\delta t^2)$ は δt に関する 2 次以上の微少量である。$\delta t \to 0$ の極限を考えると、

$$\frac{d}{dt}x(t) = f\left(x(t), u(t)\right) \tag{7.2}$$

となり、これを状態方程式と呼ぶ。ここで、$u(t)$ は入力と考えることができる。出力 $y(t)$ は状態 $x(t), u(t)$ の関数として、

$$y(t) = g\left(x(t), u(t)\right) \tag{7.3}$$

と表すことができて、出力方程式と呼ぶ。

t が十分大きくなったとき、初期状態によらず

$$y(t) = S\left(u(t)\right) \tag{7.4}$$

のように入力と出力が写像 S で結ばれるようなシステムを漸近安定なシステムと呼ぶ。別の言い方をすれば、初期状態を忘れることができるダイナミカルシステムである。図 7.1 参照。このようなシステムは工学的に重要である[*1]。

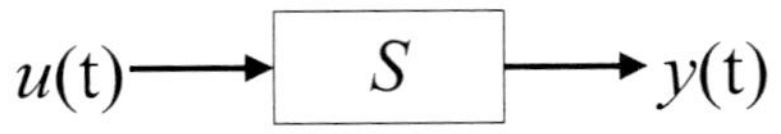

u(t) → S → y(t)

図 7.1　漸近安定なダイナミカルシステムの入出力関係

写像 S は因果律を満たす必要がある。すなわち、現在の出力は過去の入力のみに依存し、未来の入力には依存しないことである。時刻 $t = \tau$ 以前の入力のみを取り出す演算子

$$L_\tau(u(t)) = \begin{cases} u(t), & t \le \tau \\ 0, & t > \tau \end{cases} \tag{7.5}$$

を導入して数式で S が因果律を満たすことを表すと、

$$\forall u(t)\ s.t.\ L_\tau\left(u(t)\right) = 0 \Rightarrow L_\tau\left(S\left(u(t)\right)\right) = 0 \tag{7.6}$$

となる。$s.t.$ は such that の略である。上の式は $L_\tau\left(u(t)\right) = 0$ を満たすようなすべての $u(t)$ に対して $L_\tau S\left(u(t)\right) = 0$ となることを意味している。

7.3　線形時不変システム

システムが線形であるとは、

$$S(\alpha_1 u_1 + \alpha_2 u_2) = \alpha_1 S(u_1) + \alpha_2 S(u_2) \tag{7.7}$$

が成り立つことである。また、時間原点の取り方によらずシステムの応答が決まっている場合には時不変システムと言う。数式で表すと

$$\forall t\ s.t.\ \ y(t) = S(u(t)) \Rightarrow \forall \tau\ y(t+\tau) = S(u(t+\tau)) \tag{7.8}$$

が成り立つことである。

大学初年度の物理学では線形なシステムのみを取り扱う。一方、物理法則は時間原点の取り方に対して不変である（でなければ、ならないと）と考えられるので、大学初年度で扱う物理系は線形時不変システムと考えることができる。

[*1] TV が買った時に応じて視聴できたりできなかったりすると、その TV は漸近安定なシステムではないと言うことができる。このような漸近安定でないシステムは信頼して使うことができない。

7.4 線形時不変システムとしての電気回路

まず、オームの法則について復習しよう。針金の両端に一定の電圧 V（単位は V）を与えると定常電流 I（単位は A）が得られる。この定常電流は電圧に比例する。この事実をオームの法則と呼び、この時の比例定数を抵抗と言う。記号としては R を通常用いる。すなわち、

$$V = RI \tag{7.9}$$

となる。抵抗の単位は V/A であるが、これをオームと呼び Ω で表す。

ここで $I = u(t)$、$V = y(t)$、$S(u(t)) = R\,u(t)$ と考えれば、抵抗は電流 I を入力して電圧 V を出力する線形時不変システムと考えることができるのは明らかであろう。

もう少し複雑な例として、電源、抵抗、コンデンサーが直列につながった回路を考えよう。抵抗の両端の電圧を出力 $y(t)$ と考える。一方入力 $u(t)$ はある時刻における電池の電圧 $e(t)$ である。また、システムの状態 $x(t)$ を表すのはコンデンサーの電圧 $v(t)$ である。

$$e(t) - v(t) = R\big(C\frac{d}{dt}v(t)\big) \tag{7.10}$$

である。ここで $RC = \tau$ と書くことにすれば、状態方程式は

$$\frac{d}{dt}x(t) = \frac{u(t) - x(t)}{\tau} \tag{7.11}$$

となり、出力方程式は

$$y(t) = u(t) - x(t) \tag{7.12}$$

である。電源電圧 $u(t) = e(t)$ が $t = 0$ に $0 \to e_0$ に変化する場合を考えよう。$t \geq 0$ において微分方程式を解くと、

$$x(t) = (x(0) - e_0)e^{-t/\tau} + C \tag{7.13}$$

が得られる[*2]。ただし、C は定数である[*3]。$t \to \infty$ の場合を考えると状態 $x(t)$ は初期状態 $x(0)$ に依存しないことが分る。言い換えると最初コンデンサーに蓄えられていた電荷の大きさには依存しない。すなわち、システムは漸近安定である[*4]。

電源（入力）の直列接続は新しい一つの電源と考えることができるから、入力と出力の線形性は明らかである。一方、時不変性は物理法則における時間原点の任意性から明らかである。

7.5 回路

電子回路は数学的には「有向グラフ」によって表現できる。具体的には「節点」とそれらを結ぶ「向きを持つ枝」の集まりである。回路には圧変数と流れ変数が定義されている。圧変数と流れ変数の間の関係を枝が決定している。このような有向グラフは電子回路だけでなく、様々な分野に応用できる。例えば、熱の流れ解析が挙げられる。用水路における水の流れなども典型的な例である。

---

*2 $z(t) = x(t) - e_0$ と置くと、微分方程式は $\frac{d}{dt}z(t) = -\frac{z(t)}{\tau}$ となり、$z(t) = z(0)e^{-t/\tau}$ と簡単に解ける。初期条件を満たすように $z(0) = x(0) - e_0$ をとれば、上の解が得られる。

*3 時刻 $t = 0$ における $x(t)$ の初期条件を満たすために、$C = e_0$ でなければならない。

*4 一般に $u(t) = e(t)$ が時間依存する場合は、

$$x(t) = x(0)e^{-t/\tau} + \frac{1}{\tau}\int_0^t e^{-\frac{t-t'}{\tau}}u(t')dt' \tag{7.14}$$

が得られる。

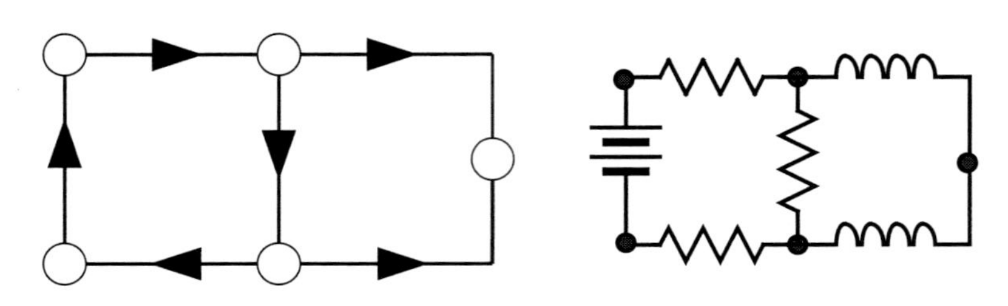

図 7.2　有向グラフ（左）と回路（右）

電気回路の場合、圧変数は電圧で流れ変数は電流である。圧変数と流れ変数の間の関係を抵抗、コンデンサー、コイルなどが決定している。

第 8 章

複素数の復習 II

この章では主として複素関数の積分について復習する。

8.1 複素関数の線積分

複素平面上に向きを持った曲線 C を考えて、

$$\int_C f(z)dz = \lim_{N\to\infty}\sum_{i=1}^{N} f(z_i)\Delta z_i \tag{8.1}$$

によって線積分を定義する。この積分のことを複素積分と呼ぶ。実数部分と虚数部分に分けて計算すると

$$\int_C f(z)dz = \int_C (u(x,y)dx - v(x,y)dy) + i\int_C (v(x,y)dx + u(x,y)dy) \tag{8.2}$$

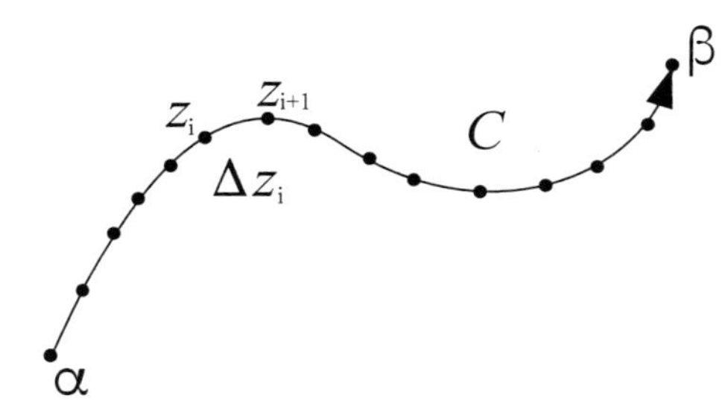

図 8.1　複素積分

となる。実際に計算する場合は、(x,y) をパラメータ表示にして

$$\int_C f(z)dz = \int_C \left(u(x(t),y(t))\frac{dx}{dt} - v(x(t),y(t))\frac{dy}{dt}\right)dt + i\int_C \left(v(x(t),y(t))\frac{dx}{dt} + u(x(t),y(t))\frac{dy}{dt}\right)dt \tag{8.3}$$

を計算する。

8.2 コーシーの積分定理と積分公式

8.2.1 コーシーの積分定理

正則関数 $f(z)$ の閉曲線 C 上の積分に関して

$$\oint_C f(z)dz = 0 \tag{8.4}$$

が成り立つ。これをコーシーの積分定理と言う。以下のように考える。

$$\begin{aligned}\oint_C f(z)dz &= \int_C (u(x,y)dx - v(x,y)dy) + i\int_C (v(x,y)dx + u(x,y)dy)\\ &= \int_{\mathcal{D}} \left(-\frac{\partial u}{\partial y}dxdy - \frac{\partial v}{\partial x}dxdy\right) + i\int_{\mathcal{D}} \left(-\frac{\partial v}{\partial y}dxdy + \frac{\partial u}{\partial x}dxdy\right)\end{aligned}$$

$$= -\int_{\mathcal{D}} \left(\frac{\partial u}{\partial y} + \frac{\partial v}{\partial x} \right) dxdy + i \int_{\mathcal{D}} \left(-\frac{\partial v}{\partial y} + \frac{\partial u}{\partial x} \right) dxdy$$

ここでコーシー・リーマンの関係式を用いると積分がゼロになることが分かる。ただし、$\vec{v} = (\phi, \psi, 0)$ とおいてグリーンの定理

$$\oint_C \vec{v} \cdot d\vec{r} = \oint_C (\phi dx + \psi dy) = \int_{\mathcal{D}} (\vec{\nabla} \times \vec{v}) \cdot d\vec{S} = \int_{\mathcal{D}} \left(\frac{\partial \psi}{\partial x} - \frac{\partial \phi}{\partial y} \right) dxdy$$

を用いている。$C, \mathcal{D}$ は $\vec{v}$ に対応させて xy 面内にある。

8.2.2　コーシーの積分公式

複素関数 $f(z)$ が正則で α が閉曲線 C の中にある場合は、

$$\frac{1}{2\pi i} \oint_C \frac{f(z)}{z - \alpha} dz = f(\alpha) \tag{8.5}$$

が成り立つ。これをコーシーの積分公式と言う。以下のように考えて理解する。

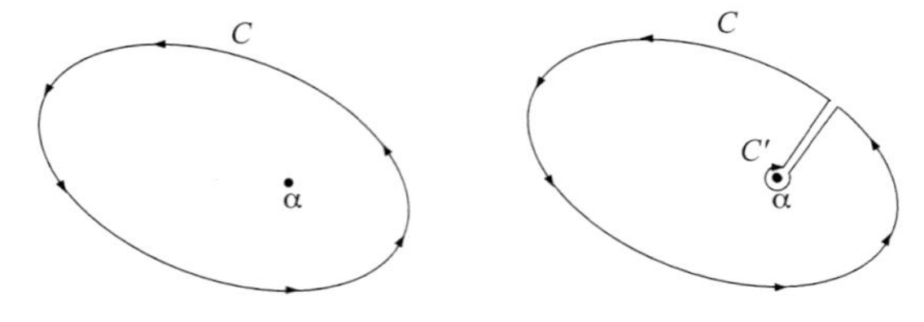

図 8.2　コーシーの積分定理の証明

図 8.2 左の積分経路 C に対応した右のような経路を考えることによってコーシーの積分定理を適用できる。ここで、二つのループを繋ぐ直線部分は幾らでも近づけることができるので、その寄与はお互いにキャンセルするようにできる。従って、

$$\oint_{C+C'^{-1}} \frac{f(z)}{z - \alpha} dz = \oint_C \frac{f(z)}{z - \alpha} dz - \oint_{C'} \frac{f(z)}{z - \alpha} dz = 0 \tag{8.6}$$

である。C' 回りの向きは外側と逆向きになっていることに注意。

一方 C' の回りの積分は

$$\oint_{C'} \frac{f(z)}{z - \alpha} = \int_0^{2\pi} \frac{f(\alpha + re^{i\theta})}{re^{i\theta}} ire^{i\theta} d\theta = i \int_0^{2\pi} f(\alpha + re^{i\theta}) d\theta \to 2\pi i f(\alpha) \tag{8.7}$$

ただし、最後の式変形で $r \to 0$ の極限を取っている。以上によりコーシーの積分公式が証明された。

8.2.3　正則関数は無限回微分可能

式 (8.5) を変形して、

$$f(z) = \frac{1}{2\pi i} \oint_C \frac{f(\zeta)}{\zeta - z} d\zeta \tag{8.8}$$

が得られる。正則関数は周囲の値が得られれば、決まってしまうことを意味している。また、これを z について微分すると、

$$\frac{df(z)}{dz} = \frac{1}{2\pi i} \oint_C \frac{f(\zeta)}{(\zeta - z)^2} d\zeta \tag{8.9}$$

となる。この微分操作を続けると

$$\frac{d^n f(z)}{dz^n} = f^{(n)}(z) = \frac{n!}{2\pi i} \oint_C \frac{f(\zeta)}{(\zeta - z)^{n+1}} d\zeta \tag{8.10}$$

が得られ、無限回微分可能なことがわかる。

8.2.4 テーラーの定理

正則関数 $f(z)$ は次のように展開することができる。ここで、$f_n(z)$ も正則である。

$$f(z) = \sum_{k=0}^{n-1} \frac{f^{(k)}(\alpha)}{k!}(z-\alpha)^k + f_n(z)(z-\alpha)^n \tag{8.11}$$

これをテーラーの定理と言う。以下のように考える。

$$f_1(z) = \begin{cases} \dfrac{f(z)-f(\alpha)}{z-\alpha} & z \neq \alpha \\ f'(\alpha) & z = \alpha \end{cases}$$

を定義する。さらに帰納的に

$$f_n(z) = \begin{cases} \dfrac{f_{n-1}(z)-f_{n-1}(\alpha)}{z-\alpha} & z \neq \alpha \\ f'_{n-1}(\alpha) & z = \alpha \end{cases}$$

を定義すると、

$$\begin{aligned} f(z) &= f(\alpha) + (z-\alpha)f_1(z) \\ &= f(\alpha) + (z-\alpha)\left(f_1(\alpha) + (z-\alpha)f_2(z)\right) \\ &= f(\alpha) + (z-\alpha)f_1(\alpha) + (z-\alpha)^2 f_2(z) \\ &\vdots \\ &= \sum_{k=0}^{n-1} f_k(\alpha)(z-\alpha)^k + f_n(z)(z-\alpha)^n \end{aligned}$$

となる。$f(z)$ を k 回微分した関数の $z=\alpha$ での値を考えると、$k!f_k(\alpha) = f^{(k)}(\alpha)$ となることがわかる。置き換えると、式 (8.11)、すなわちテーラーの定理が得られる。ただし、本来ならば収束性を議論しておかなければならない。

8.2.5 テーラー級数

正則関数はテーラー級数に展開できる。

$$f(z) = \sum_{n=0}^{\infty} \frac{f^{(n)}(\alpha)}{n!}(z-\alpha)^n \tag{8.12}$$

証明は省略。

8.3 留数とその応用

8.3.1 留数定理

複素関数 $f(z)$ が正則関数 $f_h(z)$ によって

$$f(z) = \frac{f_h(z)}{(z-\alpha)^h} \tag{8.13}$$

と表される時、$f(z)$ は h 位の極を持つという。また、このときテーラーの定理を使うことによって、

$$f(z) = \frac{b_{-h}}{(z-\alpha)^h} + \ldots + \frac{b_{-1}}{z-\alpha} + b_0 + b_1(z-\alpha) + \ldots \tag{8.14}$$

と表すことができる。ここで、b_{-1} を留数と言う。

積分経路として、$z = \alpha + r_0 e^{i\theta}$ を取って積分を行う。$dz = ir_0 e^{i\theta} d\theta$ なので、$k \neq -1$ の場合

$$\oint_C (z-\alpha)^k dz = ir_0^{k+1} \int_0^{2\pi} e^{i(k+1)\theta} d\theta = ir_0^{k+1} [\frac{e^{i(k+1)\theta}}{i(k+1)}]_0^{2\pi} = 0$$

である。従って、

$$\oint_C f(z)dz = \oint_C \frac{b_{-1}}{z-\alpha} dz = 2\pi i b_{-1} \quad (8.15)$$

となる。$z = \alpha$ 以外で、$f(z)$ は正則なので、C は α のまわりの任意の閉曲線にとっても、上の結果は変わらない。すなわち、留数 b_{-1} を何らかの方法で求めることができればその複素積分は簡単に計算することができる。

問題

問題 8.1 以下の積分経路について $\int_C z dz$ を計算せよ。

1. $C1$: 原点から $z = a + ib$ を結ぶ直線
2. $C2$: 曲線 $(x, \frac{b}{a^2}x^2)$
3. $C3$:$z = 0, z = a, z = a + ib$ を結ぶ折れ線

問題 8.2 以下の積分経路について $\int_C z^* dz$ を計算せよ。

1. $C1$: 原点から $z = a + ib$ を結ぶ直線
2. $C2$: 曲線 $(x, \frac{b}{a^2}x^2)$
3. $C3$:$z = 0, z = a, z = a + ib$ を結ぶ折れ線

問題 8.3 $z = 0$ を出発して $z = a, z = a + ib$ を経由して $z = 0$ と戻る直角三角形の経路を C として、

1. $\oint_C z dz$
2. $\oint_C z^* dz$

を計算せよ。

問題 8.4 経路として半径 1 の円周をとり $z = 1$ から反時計回り（正の向き）に 1 周する場合の $z, z^*, 1/z$ の複素積分を求めよ。

問題 8.5

1. 複素関数 f について $\dfrac{\partial f}{\partial z^*} = \dfrac{1}{2}\dfrac{\partial f}{\partial x} + \dfrac{i}{2}\dfrac{\partial f}{\partial y}$ となることを示せ。ヒント：$x = (z + z^*)/2, y = (z - z^*)/2i$
2. $\displaystyle\oint_C f(z)dz = 2i \int_{\mathcal{D}} \frac{\partial f}{\partial z^*} dxdy$ を証明せよ。ただし、$\mathcal{D}$ は閉曲線 C で囲まれた領域である。ヒント：グリーンの定理 $\displaystyle\int_S \left(\frac{\partial \phi}{\partial x} - \frac{\partial \psi}{\partial y}\right) dxdy = \oint_C (\psi dx + \phi dy)$ を用いる。
3. $(\mathcal{D}$ の面積$) = \displaystyle\int_{\mathcal{D}} dxdy = \frac{1}{2i} \oint_C z^* dz$ を証明せよ。

問題 8.6

半径 2 で原点を中心とする円を経路 C_1, 半径 1 で中心を $-i$ とする円 ($|z-i|=1$) を経路 C_2 とする。それぞれの経路に対して

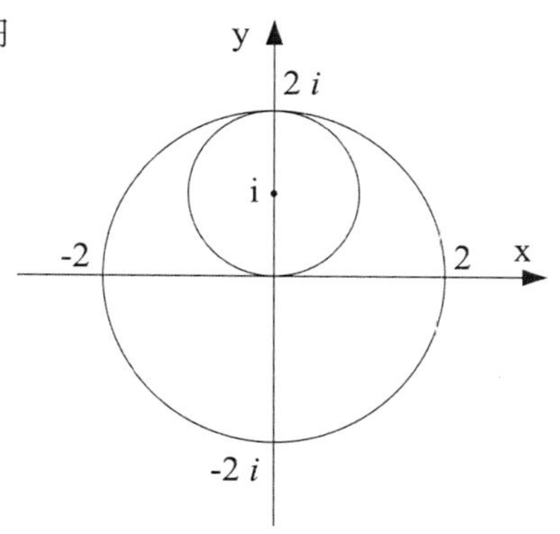

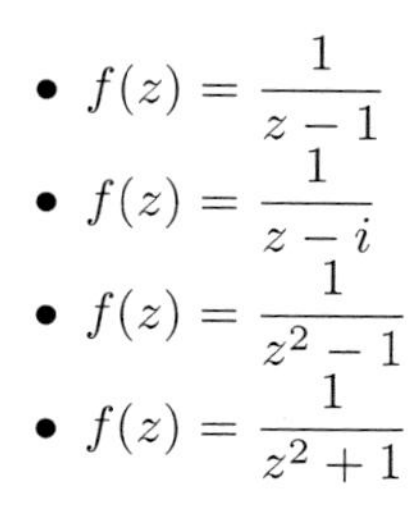

- $f(z)=\dfrac{1}{z-1}$
- $f(z)=\dfrac{1}{z-i}$
- $f(z)=\dfrac{1}{z^2-1}$
- $f(z)=\dfrac{1}{z^2+1}$

の複素積分を留数定理を用いて求めよ。

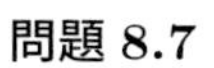

問題 8.7

実変数関数 $g(x)=\dfrac{1}{x^2+1}$ のフーリエ変換

$$G(\omega)=\int_{-\infty}^{\infty} g(x)e^{-i\omega x}dx$$

を以下の手順に従って計算せよ。ただし、$\omega>0$ とする。

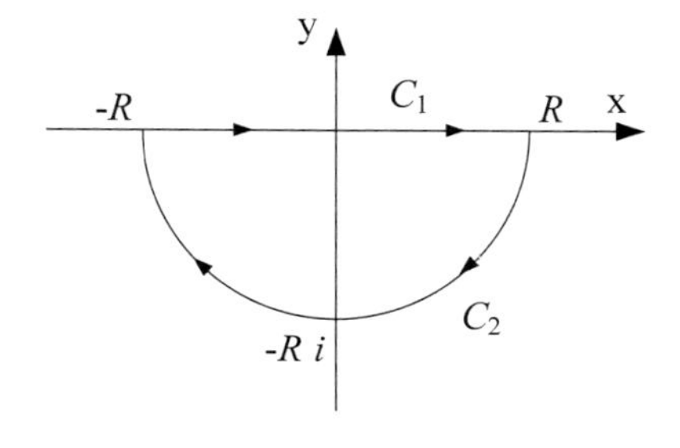

1. 経路 C_1+C_2 の $f(z)$ の複素積分を留数定理を用いて計算せよ。
2. 複素関数 $f(z)=\dfrac{1}{z^2+1}$ を考え、

$$\lim_{R\to\infty}\left|\int_{C_2} f(z)e^{-i\omega z}dz\right|$$

を求めよ。

3. $G(\omega)$ は何になるか？

問題 8.8

$\displaystyle\int_0^{\infty}\frac{\sin x}{x}dx$ を以下の手順に従って求めよ。

1.

$$\int_0^{\infty}\frac{\sin x}{x}dx=\int_{-\infty}^{\infty}\frac{e^{ix}}{2ix}dx$$

を示せ。

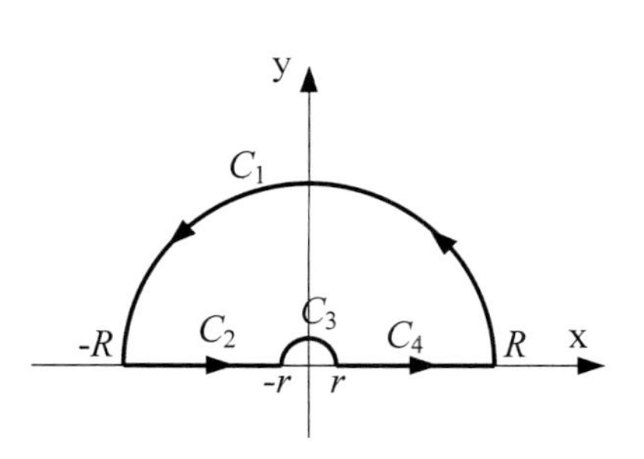

2. 経路 $C_1+C_2+C_3+C_4$ に沿って $f(z)=\dfrac{e^{iz}}{2iz}$ の複素積分を行え。
3. $\displaystyle\lim_{R\to\infty}\int_{C_1} f(z)dz$ を計算せよ。
4. 経路 C_3 の $f(z)$ の複素積分を求めよ。
5. 求める値はいくらか？

第9章

フーリエ変換とラプラス変換

電気回路は微分方程式によって表現されるダイナミカルな系の典型的な例である。セクション6.2では、コイル、コンデンサー、抵抗の直列回路の強制振動について考察し、複素インピーダンスが有用であることが分った。

ここでは、電気回路を線形時不変システムの例と捉えて、フーリエ変換やラプラス変換によって線形時不変システムのダイナミクスを解く一般的な方法を議論する。

9.1 フーリエ変換

周期的な入力が与えられている場合のダイナミカルな系の応答を考えるためにはフーリエ変換が有用である。

9.1.1 周波数応答関数

線形時不変システムの場合、以下の定理が成り立つ。

> 複素指数関数の入力 $u(t) = e^{i\omega t}$ に対する[*1]線形時不変システムの出力は
>
> $$y(t) = G(i\omega)e^{i\omega t}$$
>
> となる。ここで、$G(i\omega)$ は ω に関する複素関数で、周波数応答関数と呼ばれる。

証明は次の通りである。出力 $y(t) = S(e^{i\omega t})$ である。時不変システムの定義より

$$y(t+\tau) = S(u(t+\tau)) = S(u(t)u(\tau)) = u(t)S(u(\tau))$$

である[*2]。ここで $\tau = 0$ とおくと、

$$y(t) = S(u(0))e^{i\omega t}$$

となる。$S(u(0))$ は時間 t の関数ではないので、$G(i\omega)$ と書くことによって定理を得る。

上の定理は角振動数 ω の複素指数関数（三角関数）を入力とする線形時不変システムの出力はやはり複素指数関数（三角関数）になることを意味している。ただし、入力 $u(t)$ と出力 $y(t)$ の間は周波数応答関数 $G(i\omega)$ によって $y(t) = G(i\omega)u(t)$ と結ばれている。

線形時不変システムのダイナミクスが以下の微分方程式で定義されているとしよう。

$$\sum_k a_k \left(\frac{d}{dt}\right)^k y(t) = \sum_\ell b_\ell \left(\frac{d}{dt}\right)^\ell u(t) \tag{9.1}$$

[*1] セクション6.2と同様に考えて、実数の入力関数から複素数の入力関数を作ることができる。

[*2] 線形性より $S(ab) = aS(b)$ である。ここで $a = u(t), b = u(\tau)$ とすると上の式が得られる

$u(t) = e^{i\omega t}, y(t) = G(i\omega)e^{i\omega t}$ を代入すると、

$$G(i\omega)\sum_k a_k\,(i\omega)^k = \sum_\ell b_\ell\,(i\omega)^\ell \tag{9.2}$$

となる。従って、$G(i\omega)$ は以下の有理関数で与えられることが分る。

$$G(i\omega) = \frac{\sum_\ell b_\ell\,(i\omega)^\ell}{\sum_k a_k\,(i\omega)^k} \tag{9.3}$$

$G(i\omega)$ を求めるために微分積分を必要とせず、加減乗除のみによって簡単に得られることに注意。

9.1.2 フーリエ解析

線形時不変システムにおけるフーリエ解析は以下のように正当化される。一般の入力 $u(t)$ は、

$$u(t) = \frac{1}{2\pi}\int u_\omega e^{i\omega t}d\omega$$

と書くことができる。このような入力に対する出力は線形性により、

$$y(t) = \frac{1}{2\pi}\int G(i\omega)u_\omega e^{i\omega t}d\omega$$

となる。$y(t)$ のフーリエ変換 y_ω は $G(i\omega)u_\omega$ であることを意味している。

9.2 ラプラス変換

周期的な入力がある場合のダイナミカルな系の応答を議論するためには、フーリエ変換が有用であった。しかしながら、電気回路のスイッチを突然オンにするような周期的でない入力に対する応答を議論する場合も多い。ここでは、そのような過渡応答を解析するために有用なラプラス変換について議論しよう。

9.2.1 ラプラス変換

ある時間の関数 $f(t)$ が与えられているとき、

$$\mathcal{L}(f(t)) = \int_0^\infty f(t)e^{-st}dt \tag{9.4}$$

を $f(t)$ のラプラス変換と言う。次に示すようにラプラス変換は線形である。

$$\mathcal{L}(\alpha_1 f_1(t) + \alpha_2 f_2(t)) = \int_0^\infty (\alpha_1 f_1(t) + \alpha_2 f_2(t))e^{-st}dt = \alpha_1\mathcal{L}(f_1) + \alpha_2\mathcal{L}(f_2) \tag{9.5}$$

また、$\mathcal{L}(f(t)) = G(s)$ のとき、正の数 α に対して、

$$\begin{aligned}\mathcal{L}(f(\alpha t)) = \int_0^\infty f(\alpha t)e^{-st}dt &= \int_0^\infty f(t')e^{-(s/\alpha)t'}dt'/\alpha = \frac{1}{\alpha}G\left(\frac{s}{\alpha}\right)\\ &\alpha t \to t' \text{とおくと}\end{aligned} \tag{9.6}$$

となり、相似則と言う。

$f(t)$ の時間微分をラプラス変換すると、

$$\mathcal{L}(\frac{d}{dt}f(t)) = \int_0^\infty (\frac{d}{dt}f(t))e^{-st}dt = \left[e^{-st}f(t)\right]_0^\infty - \int_0^\infty (\frac{d}{dt}e^{-st})f(t)dt = -f(0) + s\int_0^\infty e^{-st}f(t)dt$$

となる。したがって、$\mathcal{L}(f(t))$ が存在するならば、

$$\mathcal{L}(\frac{d}{dt}f(t)) = -f(0) + s\mathcal{L}(f(t)) \tag{9.7}$$

となる。一方、

$$\mathcal{L}\left(\int_0^t f(t')dt'\right) = \int_0^\infty \left(\int_0^t f(t')dt'\right) e^{-st}dt = \left[-\frac{1}{s}e^{-st}\int_0^t f(t')dt'\right]_0^\infty - \int_0^\infty \left(\frac{d}{dt}\int_0^t f(t')dt'\right)\frac{-1}{s}e^{-st}dt$$
$$= \frac{1}{s}\int_0^\infty e^{-st}f(t)dt$$

となるので、

$$\mathcal{L}\left(\int_0^t f(t')dt'\right) = \frac{1}{s}\mathcal{L}(f(t)) \tag{9.8}$$

である。

よく使われる関数のラプラス変換を表 9.1 にまとめる。

関数	$\delta(t)$	1	t	e^t	$\cos t$	$\sin t$
ラプラス変換 $(s > 0)$	1	$1/s$	$1/s^2$	$1/(s-1)$	$s/(s^2+1)$	$1/(s^2+1)$

表 9.1 よく使われる関数のラプラス変換

9.2.2 デルタ（δ）関数のラプラス変換

デルタ関数のラプラス変換について考察する。デルタ関数とは、

- $x \neq 0$ ならば $\delta(x) = 0$ で、しかも $\int_{-\infty}^{\infty}\delta(x)dx = \int_{-\epsilon}^{\epsilon}\delta(x)dx = 1$
- $\int_{-\infty}^{\infty} f(x)\delta(x)dx = f(0)$

となる関数のことである。また、以下の性質もある。

- $\delta(x) = \delta(-x)$
- $\delta(x^2 - a^2) = \frac{1}{2a}(\delta(x-a) + \delta(x+a))$
- $\delta(ax) = \frac{1}{|a|}\delta(x)$ ただし、$a \neq 0$
- $\delta(x) = \frac{d}{dx}\Theta(x)$ ただし $\Theta(x)$ はステップ関数
- $\int_{-\infty}^{\infty} f(x)\delta(x-a)dx = f(a)$

このような関数は実は「存在しない」ので[*3]、

$$\delta(x) = \lim_{n\to\infty}\varphi_n(x)$$

という極限で表現することにしよう。よく使われる関数列は

$$\varphi_n(x) = \sqrt{\frac{n}{\pi}}e^{-nx^2}$$

[*3] δ 関数は超関数である。

である[*4]。ただし、n は自然数である。また、単位階段関数（ヘビサイト関数）

$$u(t) = \begin{cases} 1 & ; \quad t > 0 \\ \frac{1}{2} & ; \quad t = 0 \\ 0 & ; \quad t < 0 \end{cases} \tag{9.9}$$

を使って、

$$\delta(t) = \lim_{w \to 0} \frac{1}{w} \left(u(t) - u(t-w) \right)$$

と表すこともできる。

δ 関数のラプラス変換が 1 になることは以下のように考えて理解する。ただし、積分の下限を $0 \to -\epsilon$ (ただし、ϵ は正の微小な値) と拡張する。

- 超関数的誘導
  $\mathcal{L}(\delta(t))$ の定義は $\int_0^\infty \delta(t) e^{-st} dt$ であったが、拡張した積分範囲の下限を用いると、

$$\mathcal{L}(\delta(t)) = \int_{-\epsilon}^{\infty} \delta(t) e^{-st} dt = \int_{-\infty}^{\infty} \delta(t) e^{-st} dt = e^{-s \cdot 0} = 1$$

  となる。

- $\varphi_n(t)$ からの考察

  $\varphi_n(t)$ のラプラス変換を行なう。

$$\int_{-\epsilon}^{\infty} \sqrt{\frac{n}{\pi}} e^{-nt^2} e^{-st} dt = \frac{1}{2} e^{s^2/4n} \mathrm{Erfc}\left(\frac{s - 2n\epsilon}{2\sqrt{n}} \right)$$

  となる。ここで、Erfc は相補誤差関数と呼ばれるものである。$n \to \infty$ の極限をとると、右図より $\mathcal{L}(\delta(t)) = 1$ が理解できる。

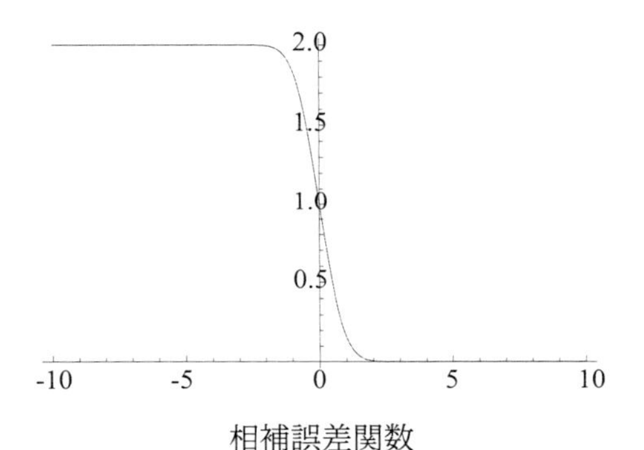

相補誤差関数

- $\lim_{w \to 0} \frac{1}{w} \left(u(t) - u(t-w) \right)$ からの考察
  この関数のラプラス変換を行うと

$$\mathcal{L}\left(\frac{1}{w} \left(u(t) - u(t-w) \right) \right) = \frac{1}{w} \left(\frac{1}{s} - \frac{1}{s} e^{-ws} \right) = \frac{1}{ws} \left(1 - e^{-ws} \right) \quad = 1 - \frac{ws}{2!} + \ldots$$

  となる。ここで $w \to 0$ の極限を取ることによって、$\mathcal{L}(\delta(t)) = 1$ が理解できる。

次にデルタ関数の微分のラプラス変換を考える。ラプラス変換を行なう際の積分範囲を $-\epsilon \to \infty$ と拡張しているので、部分積分の公式より

$$\mathcal{L}\left(\frac{d}{dt}\delta(t)\right) = -\delta(-\epsilon) + s\mathcal{L}(\delta(t))$$

が成り立つ。ここで $\delta(-\epsilon) = 0$ であるし、$\mathcal{L}(\delta(t)) = 1$ だから、

$$\mathcal{L}\left(\frac{d}{dt}\delta(t)\right) = s$$

と結論づけることにする。同様に、

$$\mathcal{L}\left(\frac{d^n}{dt^n}\delta(t)\right) = s^n$$

である。

[*4] $\varphi(0) = \sqrt{n/\pi}$ であり、$n \to \infty$ の極限で $x \neq 0$ での関数値はゼロに近づく。一方、$-\infty$ から ∞ まで積分すると値は 1 になる。

9.2.3 ラプラス変換の応用例

起電力 E の電池、スイッチ、コイル、抵抗を直列に接続した回路を考え、時刻 $t=0$ でスイッチをオンにした。過渡応答をラプラス変換を用いて調べる。

回路のダイナミクスを表わす微分方程式は、i を電流を表す変数として、$L\frac{d}{dt}i+Ri=E$ である。表 9.1 を使えるように、ある特徴的な時間 τ を導入して時間を無次元化する。すなわち、$t=\tau t'$ とする。元の微分方程式は以下のようになる。

$$\frac{L}{\tau}\frac{d}{dt'}i+Ri=E$$

ラプラス変換を行なうことにより、

$$-\frac{L}{\tau}i(0)+\frac{L}{\tau}s\mathcal{L}(i)+R\mathcal{L}(i)=\frac{E}{s}$$

が得られる。ただし、題意より時刻 $t=0$ における電流 $i(0)=0$ である。$\mathcal{L}(i)$ について解くと

$$\mathcal{L}(i)=\frac{E}{s(Ls/\tau+R)}=\frac{E}{R}\left(\frac{1}{s}-\frac{1}{s+\tau(R/L)}\right)$$

となる。ここで、$\tau=L/R$ とおくと、$\mathcal{L}(i)=\frac{E}{R}\left(\frac{1}{s}-\frac{1}{s+1}\right)$ となる。線形性と表 9.1 を用いる[*5]ことにより、

$$i(t')=\frac{E}{R}\left(1-e^{-t'}\right)$$

が得られる。最後に $t=\tau t'$ を用いて、t の関数に戻せば、

$$i(t)=\frac{E}{R}\left(1-e^{-t/\tau}\right)$$

が得られる。

9.2.4 たたみ込み（コンボリュージョン）と合成法則

関数 $f(t), g(t)$ が与えられているとき、これらの関数のたたみ込み $(f*g)$ を

$$(f*g)(t)=\int_0^t f(\tau)g(t-\tau)d\tau \tag{9.10}$$

によって定義する。$\mathcal{L}(f(t))\mathcal{L}(g(t))$ を計算すると、

$$\mathcal{L}(f(t))\mathcal{L}(g(t))=\int_0^\infty f(x)e^{-sx}dx\int_0^\infty g(y)e^{-sy}dy$$

変数変換：$x+y\to t$ を行なうと

$$=\int_0^\infty\left(\int_y^\infty f(t-y)e^{-st}g(y)dt\right)dy$$

積分の行い方を右図の右から左に変換すると、

$$=\int_0^\infty\left(\int_0^t f(t-y)e^{-st}g(y)dy\right)dt$$

$$=\int_0^\infty e^{-st}\left(\int_0^t f(t-y)g(y)dy\right)dt$$

$$=\mathcal{L}((f*g)(t))$$

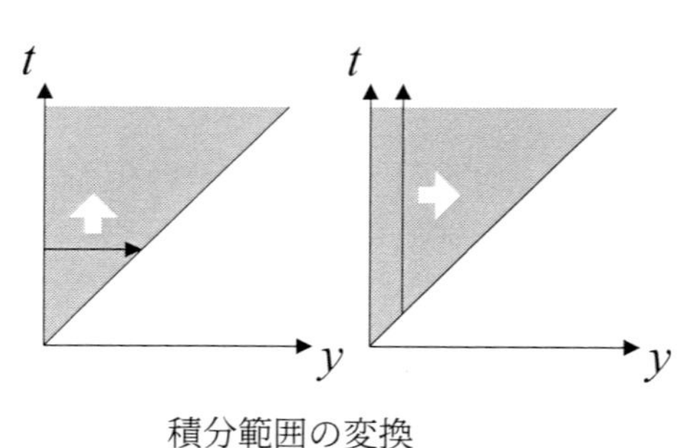

積分範囲の変換

この関係式を合成法則と言う。

[*5] 電子工学的には、表 9.1 を如何に使いこなすかを学ぶことが「勉強」となる。理学系学生ならば、後述する逆フーリエ変換を使いこなせるようになるべきである。解くべき問題が解ければ、どちらのアプローチでも良いが……

9.2.5 重ね合わせの原理

時間変化する入力に対するある時刻 t の出力は、様々な時刻 $t=\tau$ に起ったインパルス入力 $u(t)\delta(t-\tau)$ に対する応答 $y_\delta(t-\tau)$ をすべて加算したもの（線形性の現れ）と考えることができる。数式で表わすと、

$$\int_0^t u(\tau)y_\delta(t-\tau)d\tau \tag{9.11}$$

となる。積分が時刻 $\tau=0$ から始まり t で終わるのは、未来の事象は現在に影響を及ぼさないという因果律を表わしている。$y_\delta(t-\tau)$ の $t-\tau$ は τ という時刻の入力の影響を考えていることを表している。

このように、入力 $u(t)$ に対する出力 $y(t)$ は、瞬間瞬間の入力とインパルス応答 $y_\delta(t)$ の「たたみこみ」 $y_\delta * u$ になっている。これをデュアメルの重畳定理という。

$$\mathcal{L}(y_\delta(t))\,\mathcal{L}(u(t)) = \mathcal{L}((u*y_\delta)(t))$$

だから、$\mathcal{L}(y_\delta(t))$ を求めることが重要になる。

9.2.6 伝達関数

線形時不変システムのダイナミクスが以下の微分方程式で定義されているとしよう。

$$\sum_k a_k \left(\frac{d}{dt}\right)^k y(t) = \sum_\ell b_\ell \left(\frac{d}{dt}\right)^\ell u(t) \tag{9.12}$$

ここで、$u(t)=\delta(t)$（インパルス）を考える。また、$y(t)$ としては、すべての初期条件がゼロの場合、すなわち $\frac{d^n}{dt^n}y(x)]_{t=0}=0$、を考えることにする。そのような出力をここでは特別に $y_\delta(t)$ と書くことにする。ラプラス変換を行なうと、

$$\sum_k a_k s^k \mathcal{L}(y_\delta(t)) = \sum_l b_l s^l \tag{9.13}$$

となる。従って、デルタ関数の入力（インパルス）に対する出力 $y_\delta(t)$ をラプラス変換すると、

$$\mathcal{L}(y_\delta(t)) = G(s) = \frac{\sum_\ell b_\ell s^\ell}{\sum_k a_k s^k} \tag{9.14}$$

となり、これを伝達関数と呼ぶ。微分方程式から簡単に求まることに注意。

9.2.7 インパルス応答の例

コイルとコンデンサーが直列に接続された回路に対するインパルス応答を考えよう。系のダイナミクスを決定する微分方程式は $L\dfrac{di(t)}{dt}+\dfrac{q(t)}{C}=E(t)$ である。時間を無次元化するために、単位時間 τ を導入する。

$$\frac{L}{\tau}\frac{di(t')}{dt'}+\frac{q(t')}{C}=E(t')$$

ラプラス変換を行なうと

$$\frac{L}{\tau}s\mathcal{L}(i)+\frac{1}{C}\mathcal{L}(q)=\mathcal{L}(E)+\frac{L}{\tau}i(0)$$

となり、$i(t')=\frac{1}{\tau}dq/dt'$ より、$\mathcal{L}(q)=(\tau\mathcal{L}(i)+q(0))/s$ である。今はインパルス応答を考えているので、$E=E_0\delta(t)$（すなわち、$\mathcal{L}(E)=E_0$）となる。それ以外のすべての初期条件はゼロである。よって、

$$\mathcal{L}(i)=\frac{E_0}{L/\tau}\frac{s}{s^2+\frac{\tau^2}{LC}}$$

となる。ここで、$\tau^2 = LC$ とすれば、

$$\mathcal{L}(i) = \frac{E_0}{L/\tau}\frac{s}{s^2+1}$$

となり、線形性と表 9.1 より、

$$i(t') = \frac{E_0}{L/\tau}\cos t'$$

となることが分かる。t に戻すと、

$$i(t) = \frac{E_0}{L/\tau}\cos t/\tau = \frac{E_0}{\omega_0 L}\cos\omega_0 t$$

となる。ただし、最後の式変形には $\omega_0^2 = 1/LC$ を用いた。

コイルとコンデンサーの直列回路にインパルスを与えると電気振動が以後継続するという結果が得られる。

9.2.8 逆ラプラス変換

ある時間 t の関数 $f(t)$ のラプラス変換 $\mathcal{L}(f(t))$ が与えられている時、もとの関数 $f(t)$ は以下の逆ラプラス変換を行うことによって求めることができる。

$$f(t) = \begin{cases} \dfrac{1}{2\pi i}\displaystyle\int_{\gamma-i\infty}^{\gamma+i\infty} F(s)e^{st}ds & t > 0 \\ 0 & t < 0 \end{cases} \tag{9.15}$$

この演算を $\mathcal{L}^{-1}$ と表し、

$$\mathcal{L}^{-1}(F(s)) = f(t)$$

と書く。この公式は以下のようにして導くことができる。

$F(s)$ は $\Re(s) > \gamma$ で正則であると仮定する。図 9.1(a) のような半円を正の方向に一周する積分路 C を考える。コー

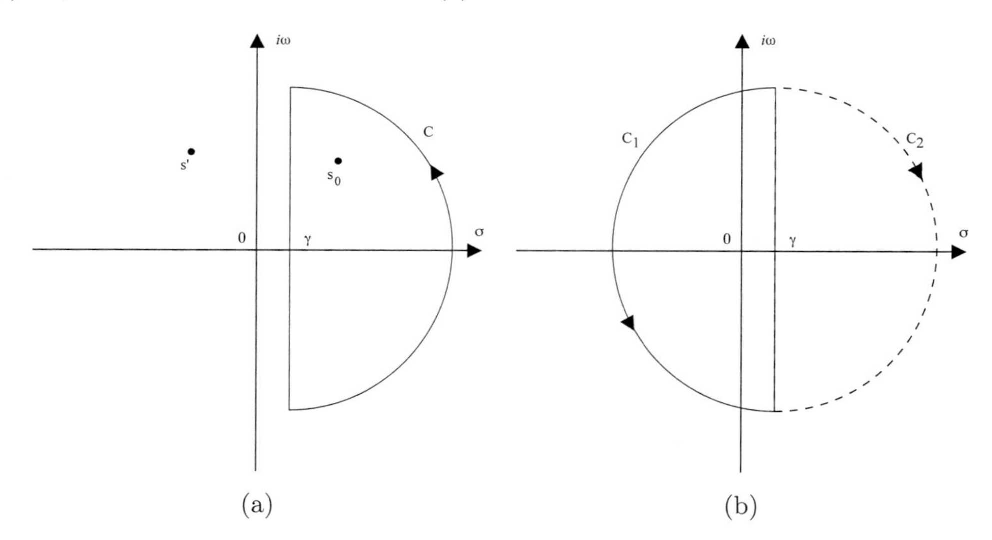

図 9.1 逆ラプラス変換の積分路。

シーの積分定理より、C 内の任意の点 s_0 に対して

$$F(s_0) = \frac{1}{2\pi i}\int_C \frac{F(s)}{s-s_0}ds \tag{9.16}$$

となる。さらに、

$$|s| \to \infty \Rightarrow |F(s)| \to 0 \tag{9.17}$$

を仮定すると円弧の部分の積分は 0 に収束する。従って、

$$F(s_0) = \frac{1}{2\pi i}\int_{\gamma+i\infty}^{\gamma-i\infty} \frac{F(s)}{s-s_0}ds = \frac{1}{2\pi i}\int_{\gamma-i\infty}^{\gamma+i\infty} \frac{F(s)}{s_0-s}ds$$

である。つぎに、$t>0$ の任意の t に対して

$$\int_0^\infty e^{-t(s_0-s)}dt = \left[\frac{1}{s-s_0}e^{-t(s_0-s)}\right]_0^\infty = \frac{1}{s_0-s}$$

であるから、$1/(s_0-s)$ に上の積分を代入すると、

$$\begin{aligned} F(s_0) &= \frac{1}{2\pi i}\int_{\gamma-i\infty}^{\gamma+i\infty}\left(F(s)\int_0^\infty e^{-t(s_0-s)}dt\right)ds = \frac{1}{2\pi i}\int_0^\infty\left(\int_{\gamma-i\infty}^{\gamma+i\infty}F(s)e^{-t(s_0-s)}ds\right)dt \\ &= \frac{1}{2\pi i}\int_0^\infty\left(\int_{\gamma-i\infty}^{\gamma+i\infty}F(s)e^{ts}ds\right)e^{-ts_0}dt \end{aligned} \tag{9.18}$$

ただし、1 行目から 2 行目は $F(s)e^{-t(s_0-s)}$ が考えている領域で正則なので積分順序を変えることによって変形している。ラプラス変換の定義式と式 9.18 を比較することにより、逆ラプラス変換の公式が証明される。

9.2.9 逆ラプラス変換の例

- $F(s) = \dfrac{1}{s}$ の逆ラプラス変換 $f(t)$ を求めよ。
  $|s| \to \infty$ の時 $1/s \to 0$ となるので、逆ラプラス変換の公式を用いることができる。$t>0$ の場合は、積分経路を図 9.1(b) の C_1 のようにとる必要がある[*6]。この積分経路には、特異点である $s=0$ を含み、その留数より積分を求めると、

$$f(t) = \frac{1}{2\pi i}\int_{\gamma-i\infty}^{\gamma+i\infty}\frac{1}{s}e^{st}ds = \frac{1}{2\pi i}\int_{C_1}\frac{1}{s}e^{st}ds = e^0 = 1$$

  が得られる。一方、$t<0$ の場合は積分経路は C_2 になり[*7]、その中に特異点はないので、$f(t)=0$ になる。
  従って、$F(s)=1/s$ の逆ラプラス変換はヘビサイトの階段関数になることがわかる。
- $F(s) = \dfrac{1}{s^2+1}$ の逆ラプラス変換 $f(t)$ を求めよ。
  $|s| \to \infty$ の時 $1/(s^2+1) \to 0$ となるので、逆ラプラス変換の公式を用いることができる。$F(s)$ の二つの極は $s=\pm i$ である。図 9.1(b) で $\gamma>1$ となるようにとった積分経路を考える。$t>0$ の場合は、積分経路は C_1 になる。この積分経路には、特異点である $s=\pm i$ を含み、その留数より積分を求めると、

$$\begin{aligned} f(t) &= \frac{1}{2\pi i}\int_{\gamma-i\infty}^{\gamma+i\infty}\frac{1}{s^2+1}e^{st}ds = \frac{1}{2\pi i}\int_{\gamma-i\infty}^{\gamma+i\infty}\frac{1}{2i}\left(\frac{1}{s-i}-\frac{1}{s+i}\right)e^{st}ds \\ &= \frac{1}{2i}\left(\frac{1}{2\pi i}\int_{\gamma-i\infty}^{\gamma+i\infty}\frac{e^{st}}{s-i}ds - \frac{1}{2\pi i}\int_{\gamma-i\infty}^{\gamma+i\infty}\frac{e^{st}}{s+i}ds\right) = \frac{1}{2i}\left(e^{it}-e^{-it}\right) = \sin t \end{aligned}$$

  が得られる。一方、$t<0$ の場合は積分経路は C_2 になり、その中に特異点はないので、$f(t)=0$ になる。

問題

問題 9.1　表 9.1 を確認せよ。

[*6] e^{st} の t が正なので、反時計回り（正の向き）に積分を行う。
[*7] e^{st} の t が負なので、時計回り（負の向き）に積分を行う。

第 10 章

能動素子の動作原理

トランジスタやダイオードのような能動素子の動作原理を議論する。また、それらを組み合わせて構成される（理想）オペアンプについて考える。

10.1 真空管

今では真空管が使われることはほとんどないが、動作原理がわかりやすいのでまず真空管から考えよう。

10.1.1 2 極管

整流（一方向にのみ電流を流す）作用がある。ヒータに電流を流すと、陰極の温度が上昇し、陰極から熱電子が真空中に放出される。この状態で陽極を負極より高い電位にすると電子を陰極から陽極に導く電界が発生し、真空中を電子が移動する（すなわち、電流が流れる）。一方、陽極を負極よりも低い電位にすると生じる電界は電子を陰極に押し戻すので電流は流れない。このように陽極と陰極に与える電圧によって、電流が流れたり流れなかったりする。

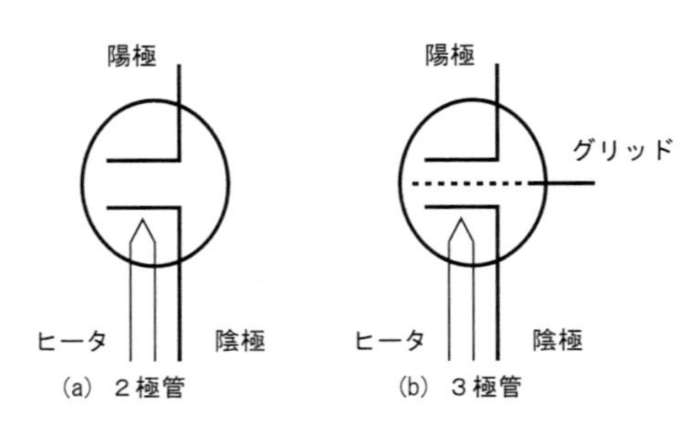

図 10.1 2 極管と 3 極管。電極は真空の中に封じ込められている。

10.1.2 3 極管

2 極管に第 3 の電極を加えたものである。この電極は格子状（グリッド）になっているので、グリッドと呼ばれる。まず、陰極から陽極に電子の移動が起るようにする。グリッドの穴をすり抜けて電子は陰極から陽極に移動する。次にグリッドに陰極より負の電位を与えよう。電子は本来ならば陽極に移動するはずだが、途中に負の電位のグリッドが存在するので流れにくくなる。グリッドの負の電位が十分大きくなれば最後には電子は全く陽極に達しなくなる。このようにグリッドの電位を制御することによって、陽極から流れ出す電流を制御することができる。

10.2 半導体素子

半導体中の電子や正孔（電気を運ぶのでキャリアと呼ぶ）を真空中の荷電粒子と同様に扱うことによって、様々な機能を持った素子を造ることができる。ここでは、ダイオード、トランジスタ、FET について触れよう。

10.2.1 PN 接合ダイオード

p 型半導体と n 型半導体が一つの結晶内でつながったものを PN 接合と呼ぶ。PN 接合部では電子と正孔が結合して、これら多数キャリアの不足した空乏層が形成される。この空乏層内は、n 型側は正に帯電し、p 型側は負に帯電している。このため内部に電界が発生し、空乏層の両端では電位差（拡散電位）が生じる。ただしそれと釣り合うように内部でキャリアが再結合しようとするので、この状態では両端の電圧は 0 である。

ダイオードのアノード側（p 型半導体）に正電圧、カソード側（n 型半導体）に負電圧を印加することを順方向バイアスをかけると言う。これは n 型半導体に電子、p 型半導体に正孔を注入することになる。n 型半導体内では電子が空乏層に押し出されるし、p 型半導体では正孔が押し出される。これらの電子と正孔は空乏層で再結合して、消滅する*1。

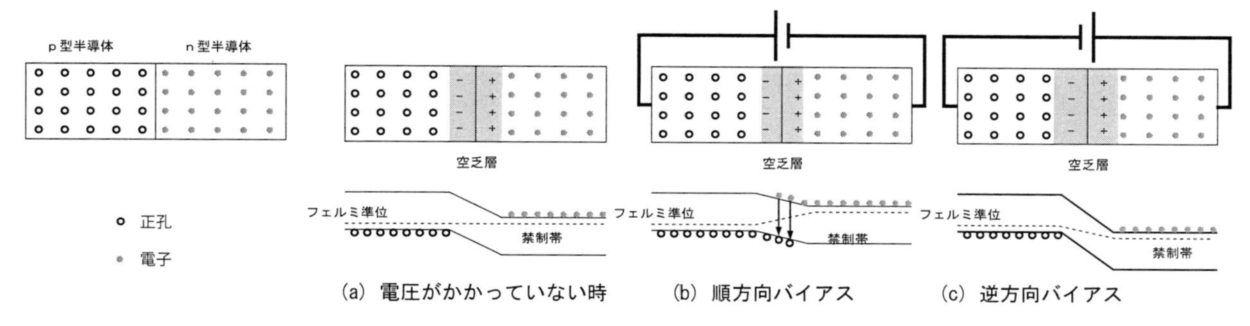

図 10.2 ダイオードの動作原理。電子にとって上はエネルギーの高い状態であるし、正孔にとって下は低い状態に対応する。

半導体全体を見ると、n 型半導体に電子が注入され、p 型半導体に正孔が注入される（p 型半導体から電子が引き抜かれる）ことになり、pn 接合を通って電流が流れることになる。また電子と正孔の再結合に伴い、これらの持っていたエネルギーが熱（や光）として放出される。また、順方向に電流を流すのに必要な電圧を順方向電圧降下と呼ばれる。

アノード側に負電圧を印加することを逆方向バイアスをかけると言う。この場合、n 型領域に正孔、p 型領域に電子を注入することになるので、それぞれの領域において多数キャリアが不足する。従って、接合部付近の空乏層がさらに大きくなり内部の電界も強くなるため、逆方向には電流が流れにくくなる*2。

10.2.2 トランジスタの動作原理

ここでは NPN 接合（端子は順にエミッタ、ベース、コレクタ）における電子と正孔の振る舞いについて考える。

エミッタとコレクタの半導体は n 型で電子が多数キャリアになり、ベースは p 型半導体なので、正孔が多数キャリアとなる。なお、ベースの幅は非常に狭くなっていることに注意。まず、トランジスタに電圧（バイアス）がかかっていない状態を考える。この場合、PN 接合と NP 接合の直列回路と考えて良いだろう。それぞれの接合部にはダイオードの動作原理で議論したように空乏層ができる。

エミッタ-コレクタ間にエミッタが負となるように電圧をかけても、ベース－エミッタ間の PN 接合の空乏層が広がり電流は流れない。さらに、エミッタ-ベース間にエミッタを負とするように電圧をかけよう。この電圧はエミッタとベースの間の PN 接合にとっては、順方向バイアスとなる。従って、ベース電極より p 型半導体には正孔が注入されることになり、エミッタから電子がベースに入ってくる*3。この電子は一部はベースの正孔と再結合するが、ベースは薄いので大部分は再結合する間もなくコレクタに入ってしまう。その結果エミッタ-コレクタ間に電流が流れることに

*1 動的に空乏層が消失していると見なすこともできる

*2 実際の素子では、真性半導体に由来する少数キャリアのために逆バイアス状態でもごくわずかに逆方向電流が流れる。

*3 ダイオードの場合と同様に動的にエミッタ－ベース間の空乏層が消失していて、ベースに電子が入ってくると考えても良い。

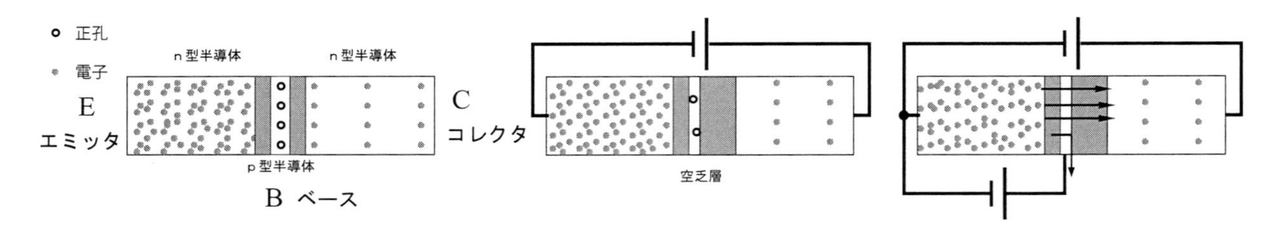

図 10.3　トランジスタの動作原理

なる。このコレクタに流れる電流はベース電流の関数であり、コレクタ電流はベース電流によって制御されると言える[*4]。

PNP 型のトランジスタの場合では、電源の極性を逆にして、電子と正孔を入れ替えれば良い。

10.2.3　電界効果トランジスタ

電界効果トランジスタ（Field Effect Transistor; FET）には接合形電界効果トランジスタ (Junction-type FET; JFET) と金属酸化物半導体電界効果トランジスタ (metal-oxide-semiconductor FET; MOSFET) がある。最近では、電界効果トランジスタのほとんどが MOSFET である。ここでは、MOSFET について考えよう。

図 10.4 のように p 型基盤上に二つの n 型領域を作り、それぞれ S(ソース) と D(ドレイン) とする。電極 G（ゲート）は斜線で示してある非常に薄い絶縁膜の上に作る。この p 型半導体は基板 SB 上に置かれている。図のようにソース（基板 SB）とドレイン間に電圧をかけると、ソースとドレイン間の領域は空乏層になる。したがって、このままではソース－ドレイン間に電流は流れない。

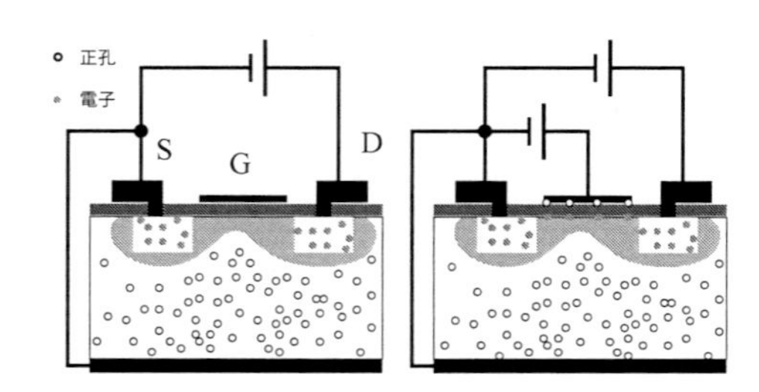

図 10.4　FET の動作原理

次にゲートに図のようなバイアスを与えると、絶縁層のすぐ下の空乏層に電子が誘導され、そこは実効的に n 型半導体となりソース－ドレイン間に電流が流れる。この n 型半導体の電子密度はゲートに与える電圧の大小に依存するので、ゲート電圧を制御することによってソース－ドレイン間電流を制御することができる。

10.3　オペアンプ

ダイオードやトランジスタの動作原理を議論したが、これらの素子を活用して実際に使える回路を作ることは難しい。そこで低周波数での応用に限って、オペアンプを用いた回路について議論する。

実際のオペアンプは多数のトランジスタ、コンデンサー、抵抗などから構成される集積回路（IC）であるが、今日では一つの部品として扱うことができる。

10.3.1　理想オペアンプ

さらに、理想オペアンプでは、

[*4] このようなエミッタから注入された電子がベースをすり抜けることができるように、エミッタの電子密度はベースの正孔密度の 100 倍程度に調整されている。また、コレクタの電子密度はベースの正孔密度のさらに 100 分の 1 程度にされ、ベース－コレクタ間の空乏層が大きくなるようになっている。

次のような特性を持つ増幅器を考える。

- 2つの入力端子("+", "−")と1つの出力端子をもつ
- 2つの入力端子の「差」$= V_+ - V_-$ を増幅して出力とする

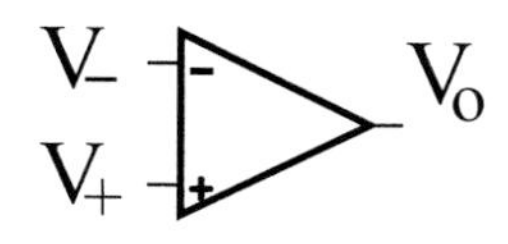

図 10.5　オペアンプ

すなわち、

$$V_\mathrm{O} = A(V_+ - V_-)$$

となり、A を増幅率と呼ぶ。このような増幅器を、演算増幅器 (operational amplifier; オペアンプ) と呼ぶ。

- 増幅率 A は無限大 (∞)
- 2つの入力端子に電流は流れない
- 出力端子から流れる電流に制限がない
- どのような周波数の信号でも、同じように増幅する

を仮定する。

10.3.2　増幅回路

オペアンプを使った最も基本的な回路は図 10.6 の二つである。
反転増幅器では、+ 側の入力を基準電圧 (0 V) に固定し、入力電圧 V_I を、抵抗 R_1 を通して − 側の入力へつなぐ。そしてその − 側の入力は、抵抗 R_2 を通して出力につながれている。

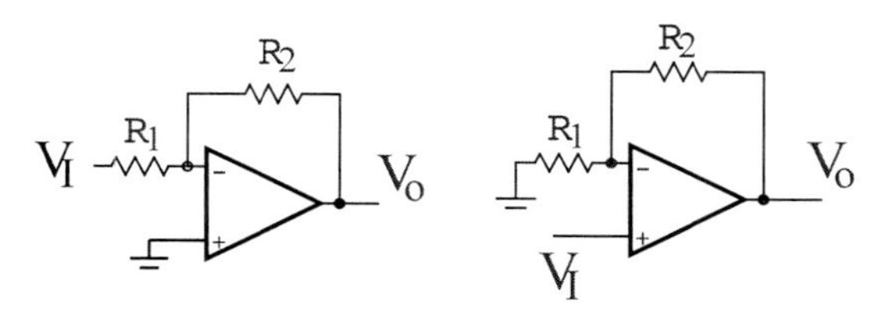

図 10.6　反転増幅回路（左）と非反転増幅回路（右）

無限大の増幅率 A を持っているので、V_O が有限であるためには、$V_+ - V_- = 0$*5すなわち、ここでは $V_- = 0$ でなければならない。R_1, R_2 とオペアンプの − 入力が繋がっている点に入る向きの電流を正とすると、R_1, R_2 に流れる電流 I_1, I_2 はそれぞれ、

$$I_1 = \frac{V_\mathrm{I} - 0}{R_1}, I_2 = \frac{V_\mathrm{O} - 0}{R_2}$$

である。また、− 入力には電流は流れ込まないから、$I_1 + I_2 = 0$ でなければならない。従って、

$$V_\mathrm{O} = -\frac{R_2}{R_1} V_\mathrm{I}$$

となる。R_2 は出力から入力に信号を戻す役割を果たしているので、帰還抵抗と呼ばれる。

非反転増幅器も同様に考えることができる。まず、有限の出力を得るためには − 側の入力は + 側の入力と同じになる。従って、

$$I_1 = \frac{0 - V_\mathrm{I}}{R_1}, I_2 = \frac{V_\mathrm{O} - V_\mathrm{I}}{R_2}$$

また、− 入力には電流は流れ込まないから、$I_1 + I_2 = 0$ でなければならない。よって、

$$V_\mathrm{O} = \frac{R_1 + R_2}{R_1} V_\mathrm{I}$$

となる。出力と入力の符号が等しいことに注意。

*5 $V_\mathrm{O}/A = V_+ - V_-$ であり、A が無限大なので $V_+ - V_- = 0$ である。大きいけれど、有限の A の場合には $V_+ - V_- \approx 0$ となる。

10.3.3　演算回路

以下にオペアンプを使った典型的な演算回路を示す。加算回路が入力の和を出力することは、R_2 に流れる電流が入力の各抵抗を流れる電流の和になることより明らかである。一方、積分回路と微分回路は抵抗の代わりにインピーダンスを導入すれば、理解できる。

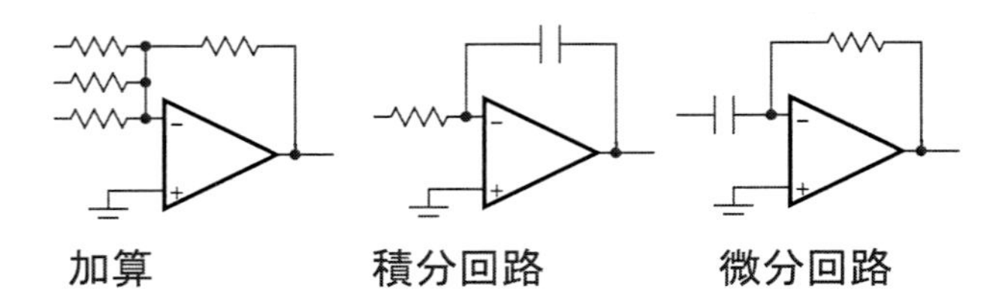

図 10.7　オペアンプによる演算回路

また、微分回路や積分回路を変形することによって、高周波成分のみあるいは低周波成分のみを増幅するハイパス・フィルターやローパス・フィルターを構成することができる。ローパス・フィルターでは帰還抵抗に並列にコンデンサーが接続されている。低周波ではコンデンサーのインピーダンスは高く、存在しないものとみなしても良い。一方、高周波ではコンデンサーのインピーダンスは低くなり、実効的に帰還抵抗（インピーダンス）の大きさが減ると考える。ハイパス・フィルターもコンデンサーのインピーダンスの周波数依存性からその働きを理解することができる。

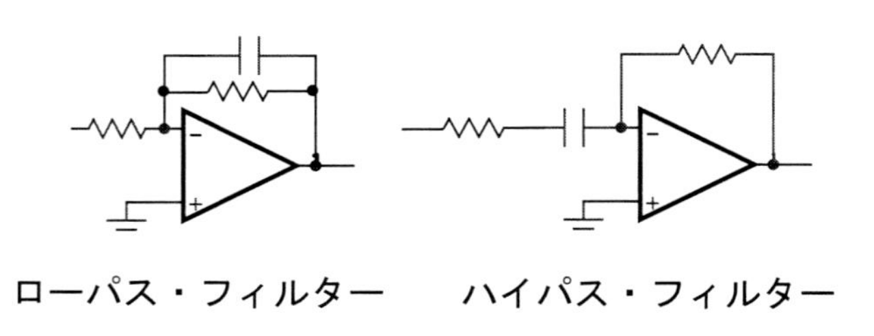

図 10.8　信号処理回路の例

問題

問題 10.1

ローパスフィルター、ハイパスフィルターの動作原理を計算によって議論せよ。入力抵抗を R_1、帰還抵抗を R_2 と、コンデンサーの容量を C とする。

問題 10.2

ローパスフィルターとハイパスフィルターの増幅率と位相の遅れ（正弦波を入力した場合の出力の位相と入力の位相の差）の周波数依存性をグラフにせよ。ただし、$R_1 = R_2 = R, CR = 1$ とする。

第 11 章

論理回路

コンピュータの基礎となる論理回路について議論する。

11.1　ブール代数

二つの 2 項演算（通常は加法 “+” と乗法 “·” と呼ぶ）が定義されており、使われる数値は 0 と 1 のみである。

11.1.1　公理と定理

加法と乗法は以下の計算規則に従うものとする。ただし、$\overline{x}$ は x の補元と呼ばれる。公理は前提（仮定）であって、公理を証明するものではない点に注意。一方、定理は公理から導きだすことができるものである。

公理	和	積
交換法則	$x+y=y+x$	$x\cdot y=y\cdot x$
分配法則	$x\cdot(y+z)$ $=x\cdot y+x\cdot z$	$x+(y\cdot z)$ $=(x+y)\cdot(x+z)$
単位元	$x+0=x$	$x\cdot 1=x$
補元	$x+\overline{x}=1$	$x\cdot\overline{x}=0$

定理	和	積
結合則	$x+(y+z)$ $=(x+y)+z$	$x\cdot(y\cdot z)$ $=(x\cdot y)\cdot z$
吸収則	$x+(x\cdot y)=x$	$x\cdot(x+y)=x$
冪等律	$x+x=x$	$x\cdot x=x$
ド・モルガン	$\overline{x+y}=\overline{x}\cdot\overline{y}$	$\overline{x\cdot y}=\overline{x}+\overline{y}$

表 11.1　ブール代数の公理（左）と定理（右）。

11.1.2　双対定理

ある式において $+\leftrightarrow\cdot$ および $0\leftrightarrow 1$ の交換を行って得られる式を、元の式の双対（dual）と呼ぶ。ある式が真ならば、その dual も真である。これは、上記の公理に対する dual は元の公理になることから、明らかである。

11.2　基本演算回路

ブール代数を実現する IC（集積回路）が存在する。和（+）は OR、積（·）は AND、そして補元を求める（$\overline{*}$）は NOT）である。

また、以下の真理値表で与えられる Ex-OR(排他的論理和) と NAND もよく使われる。特に NAND さえあれば、すべての論理回路を作ることができるため NAND はユニバーサルなゲートと言われる。

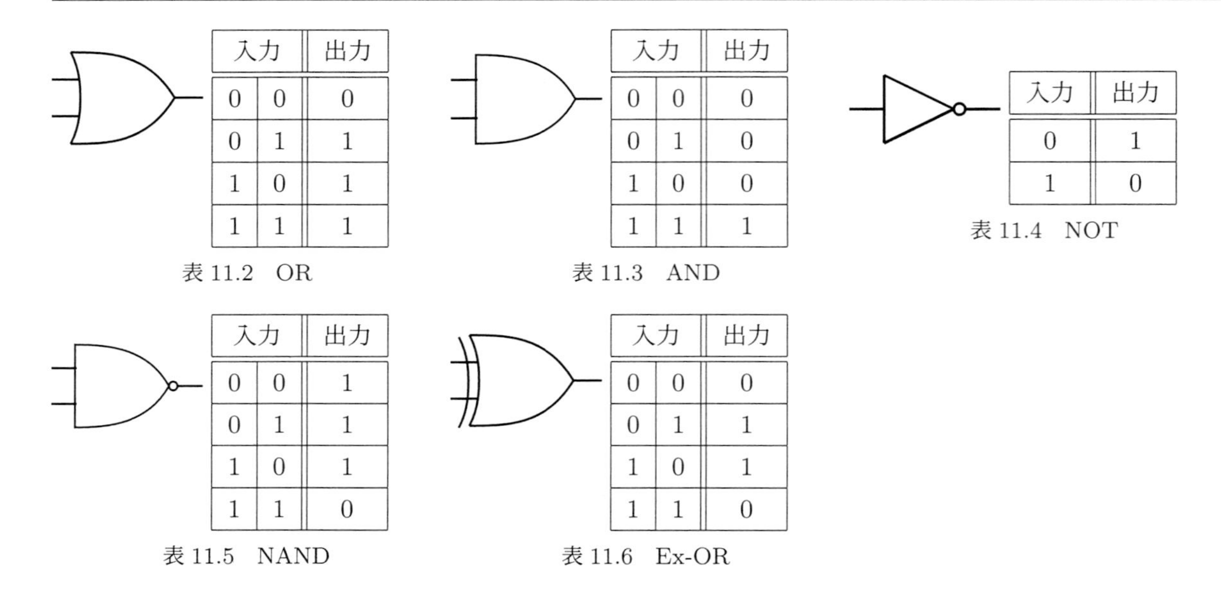

入力		出力
0	0	0
0	1	1
1	0	1
1	1	1

表 11.2　OR

入力		出力
0	0	0
0	1	0
1	0	0
1	1	1

表 11.3　AND

入力	出力
0	1
1	0

表 11.4　NOT

入力		出力
0	0	1
0	1	1
1	0	1
1	1	0

表 11.5　NAND

入力		出力
0	0	0
0	1	1
1	0	1
1	1	0

表 11.6　Ex-OR

11.3　2 進数の加減算

11.3.1　2 進数の加算：Half Adder と Full Adder

Half adder は 2 進数の加算を行い、桁上がり（Carry out）を出力する。Full adder は 2 進数の加算を下位桁からの桁上がりを含めて出力する。真理値表は以下の通りである。

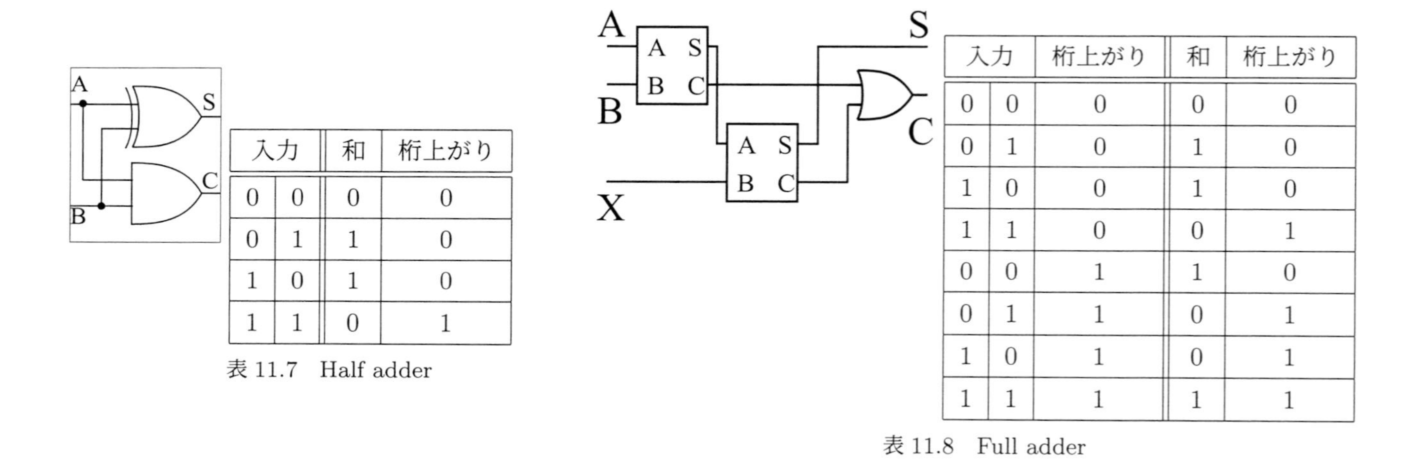

入力		和	桁上がり
0	0	0	0
0	1	1	0
1	0	1	0
1	1	0	1

表 11.7　Half adder

入力		桁上がり	和	桁上がり
0	0	0	0	0
0	1	0	1	0
1	0	0	1	0
1	1	0	0	1
0	0	1	1	0
0	1	1	0	1
1	0	1	0	1
1	1	1	1	1

表 11.8　Full adder

11.3.2　2 進数の減算

ある 2 進数 x に加算することによって、桁あふれを除いてゼロになる数 y を x の 2 の補数と呼ぶ。2 進数の減算はこの 2 の補数を加えることによって行う。

ある 2 進数 x の 0 と 1 を反転させたものを x の 1 の補数と呼ぶ。この 1 の補数に 1 を加えれば、x の 2 の補数を求めることができる。したがって、NOT 回路と加算回路のみから減算回路を構成することができる。

11.4 エラーとエラー訂正

11.4.1 ビット

情報の最小単位として、0 か 1 の値を取り得るビット[*1] を考える。多くの情報を取り扱う場合はこのビットを多数扱えば良く、情報量をその情報を送るために必要なビット数によって量ることができる。

11.4.2 エラー

1 ビットの情報を送る場合に、そのビットにエラーが起これば情報を正確に送ることは不可能である。ここでエラーとは、ビットの 0 が 1 に、1 が 0 になってしまうような変化である。

11.4.3 簡単なエラー訂正

情報を送るスピードを犠牲にして、より正確に情報を送る方法が研究されている。その最も簡単な例が「多数決法」である。1 ビットの情報を送る場合に、0 を送る時には 000 を 1 を送る時には 111 を送ることとする。このようにすると、情報を送るスピードは 1/3 になるが、エラーに対する耐性は高くなる。

例えば、000 を送った際に 2 番目のビットがエラーのために反転して、010 になったとしよう。この場合、残りのビットは 0 なので、2 番目のビットはエラーのために 1 になっていると推定しても良いであろう。そこで、本来送られた情報は 000 すなわち 0 であったと考える。このような考え方を「多数決法」と言う。

このように、必要最小限の情報量を送るのではなく、余分な（冗長な）情報を送ることによって、エラー耐性を高めることができる。

問題

問題 11.1 ブール代数の公理に基づいて、1+1 を計算せよ。

問題 11.2 0 と 1 の和と積の逆元は存在するか、また存在するならばそれは何だろう。

問題 11.3 NAND がユニバーサルであることを証明せよ。

問題 11.4 EXOR を AND、OR、および NOT 回路を用いて構成せよ。

問題 11.5 Full adder を用いて 3 桁の加算回路を作れ。

問題 11.6 111011 − 001111 を補数を用いて計算せよ。

問題 11.7 1 ビットのエラーが発生する確率を p とする。冗長度が 3、すなわち本文の例のように 1 ビットの情報を送るために 3 ビットの情報を送る、としよう。この際、正しく情報を送ることができる確率を計算せよ。

[*1] 量子コンピュータが注目を浴びている。量子コンピュータでは、このビットの代わりに重ね合わせ状態を取ることができる「量子ビット」を用いる。この重ね合わせのおかげで、計算を高速に行うことができる場合もある。

第 12 章

NMR の原理

ここではスピンを持った孤立した原子の核磁気共鳴（NMR）の原理を議論する。いわゆるベクトル・モデルによるNMR の直感的な理解を試みよう。実際の装置は今まで学んできた回路を応用して構成することができる。

12.1　磁場中の磁化

12.1.1　磁化

静磁場 $\vec{H}_0$（磁束密度 $\vec{B}_0$ に対応）内に置かれた試料には巨視的な磁化 $\vec{M}_0 \parallel \vec{H}_0$ が生じる。通常、磁場の方向を z′ 軸に取って考える。またここでは線形な応答を示す等方的な物質を考える。従って、定義より $\vec{H}_0 = (0, 0, H_0)$ となる。x′- と y′-軸は任意に空間に固定すれば良い。このような座標系を実験室系と呼ぶ。

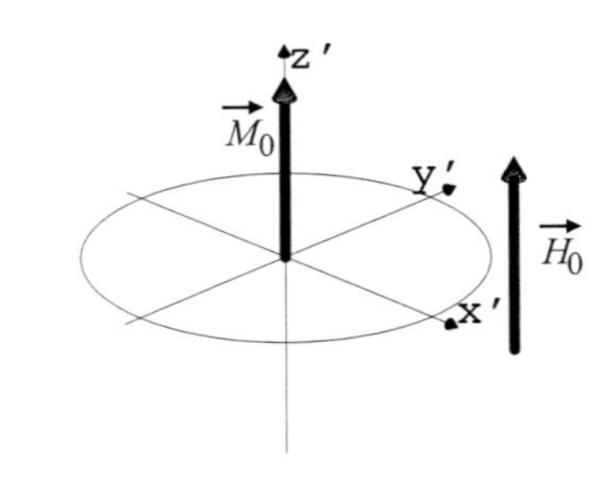

図 12.1　静磁場 $\vec{H}_0$ と誘起された磁化 $\vec{M}_0$

12.1.2　歳差運動

$\vec{B}_0$ [a]中の $\vec{M}$ のダイナミクスは

$$\frac{d\vec{M}}{dt} = \gamma \vec{M} \times \vec{B}_0, \tag{12.1}$$

によって決まる。ここで、γ は磁気回転比と呼ばれる物質に固有な量である。以後、図を描くためにここでは、$\gamma > 0$ と仮定しよう。もしも、$\vec{M}$ が何らかの方法で $\vec{B}_0$ の向きから外れたならば、$\vec{M}$ は式 12.1 に従って z′ 軸の回りに歳差（回転）運動を始める[b]。

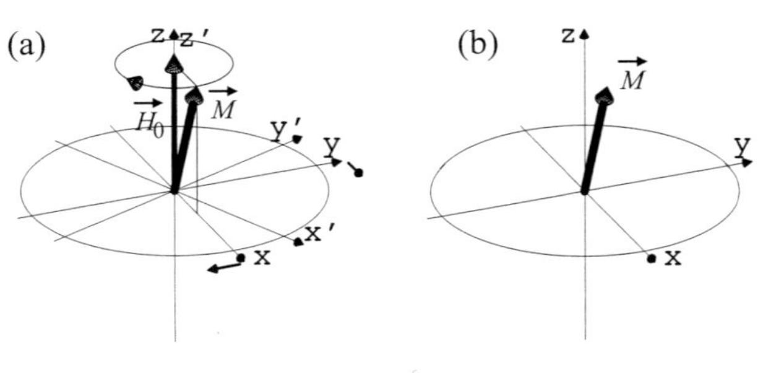

図 12.2　回転座標系。(a) 実験室系から見た場合。回転座標系と磁化 $\vec{M}$ はラーモア周波数 $\omega_0 = \gamma B_0$ で時計回りに回転している。(b) 回転座標系から見た場合。磁化 $\vec{M}$ は静止しており、実効的な磁場はゼロである。

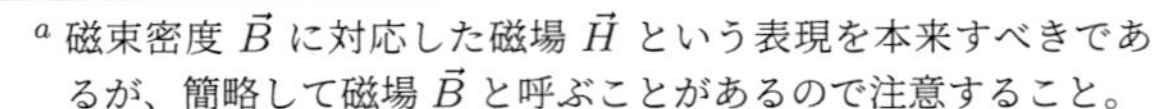

[a] 磁束密度 $\vec{B}$ に対応した磁場 $\vec{H}$ という表現を本来すべきであるが、簡略して磁場 $\vec{B}$ と呼ぶことがあるので注意すること。

[b] 重力下のコマの運動とよく似ている。コマの運動は解析力学の講義で議論するだろう。

回転角速度は $\omega_0 = \gamma B_0$ となりラーモア周波数と呼ばれる[*1]。水素や炭素のラーモア周波数は磁束密度に比例し、その比例定数はそれぞれ 42.59 MHz/T、10.71 MHz/T である[*2]。z′ 軸の回りにラーモア周波数の角速度で回転する座標軸（回転座標系）を基準に観測すれば、この磁化 $\vec{M}$ は静止しているように見える。従って、回転座標系において $\vec{M}$ に作用している実効的な磁場はゼロと考えることができる。回転座標系の z 軸は z′ 軸（静磁場の向き）と同じであり、x,y 軸は磁化の回転に伴い回転する。

一般に角速度 ω で時計回りに回転する座標系において磁化 $\vec{M}$ は $\omega_0 - \omega$ で回転し、実効的な磁場に対応した磁束密度は $(0, 0, B_0 - \omega/\gamma)$ となる。

12.2 回転磁場

静磁場（磁束密度 $\vec{B}_0 = (0, 0, B_0)$）に加え、回転磁場を与えよう。回転する磁場の磁束密度は

$$\vec{B}_1' = -B_1 \left(\cos\left(\omega_{\rm rf} t - \phi\right), -\sin\left(\omega_{\rm rf} t - \phi\right), 0\right) \tag{12.2}$$

とする。“ ′ ” は実験室系で見ていることを表わしている。実験室系における $\vec{B}_0$ と $\vec{B}_1'$ の和は速い運動をしており、式 12.1 を解くことは困難である。しかしながら、角周波数 $\omega_{\rm rf}$ で回転する回転座標系で系を見れば、系のダイナミクスは簡単になる。磁場は静止して見え、対応した磁束密度は $\vec{B}_1 = (-B_1 \cos\phi, -B_1 \sin\phi, B_0 - \omega_{\rm rf}/\gamma)$ となる。$\vec{M}$ はこの実効的な磁場の回りに回転し、そのラーモア周波数は $\gamma\sqrt{B_1^2 + (B_0 - \omega_{\rm rf}/\gamma)^2}$ となる。

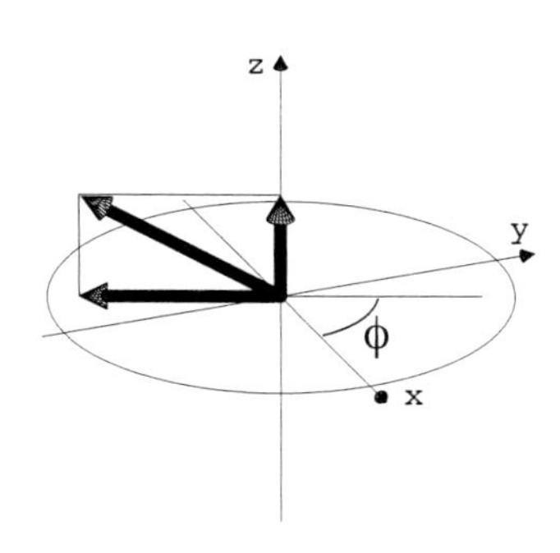

図 12.3　回転座標系から見た回転磁場。対応した磁束密度を表わす式は $\vec{B}_1 = (-B_1 \cos\phi, -B_1 \sin\phi, B_0 - \omega_{\rm rf}/\gamma)$ である。

ラーモア周波数と同じ角速度を持つ回転磁場（すなわち、$\omega_{\rm rf} = \omega_0$）が与えられたとしよう。この回転座標系では $\vec{M}$ は $-(\cos\phi, \sin\phi, 0)$ を回転の軸として角速度 $\omega_1 = \gamma B_1$ で回転する。仮に、$t_{\rm p}$ 後に回転磁場がなくなったとしよう。最初 $(0, 0, M)$ にあった $\vec{M}$ は角度 $\beta = \omega_1 t_{\rm p}$ だけ傾くことになる。$\beta = \pi/2$ の場合、このような回転磁場は $\pi/2$-パルス（90°-パルス）と呼ばれ、$(0, 0, M)$ は回転座標系の x-y 面内の $(M\sin\phi, -M\cos\phi, 0)$ になる。従って、このようなパルスはしばしば、90°_ϕ と書かれる。特に 90°_0、$90^\circ_{\pi/2}$、90°_π、$90^\circ_{3\pi/2}$ は、それぞれ $90^\circ_{\rm x}$、$90^\circ_{\rm y}$、$90^\circ_{\rm -x}$、$90^\circ_{\rm -y}$ と書かれる。また、$\beta = \pi$ の場合は π-パルス (すなわち, 180°-パルス) と呼ばれ、$\vec{M}$ を $-\vec{M}$ に変換する。

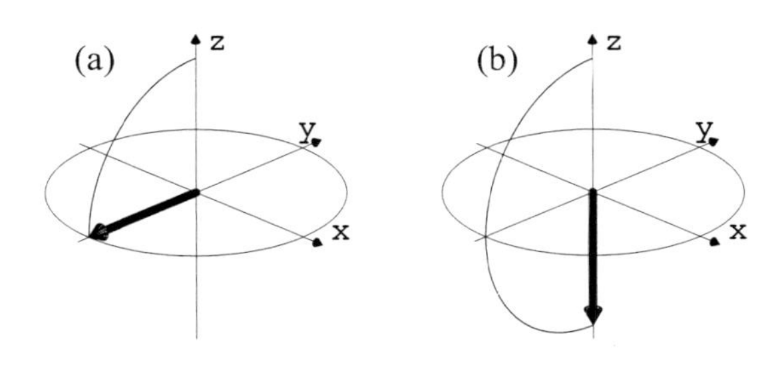

図 12.4　高周波パルス. (a) $90^\circ_{\rm x}$-パルスが y 軸方向の磁化に変換する。(b) $180^\circ_{\rm x}$-パルスが磁化の向きを変える。

次のような振動する磁場

$$-2B_1 \left(\cos\left(\omega_{\rm rf} t - \phi\right), 0, 0\right)$$

[*1] ラーモア周波数はしばしば回転の向きを含めて、$-\gamma B_0$ と提議されることがある。しかしながら、ここでは時計回り、あるいは反時計回りという言葉を使って、回転の向きを表わし、常に $\omega_0 > 0$ とする。

[*2] 1 T の磁束密度に対応した磁場内でのラーモア周波数がそれぞれ、れ 42.59 MHz、10.71 MHz という意味である。

が回転磁場の代わりに使われることが多い。以下の式が成り立つので、

$$-2B_1(\cos(\omega_{\rm rf}t-\phi),0,0) = -B_1(\cos(\omega_{\rm rf}t-\phi),\sin(\omega_{\rm rf}t-\phi),0) - B_1(\cos(\omega_{\rm rf}t-\phi),-\sin(\omega_{\rm rf}t-\phi),0),$$

振動する磁場は角速度 $\omega_{\rm rf}$ で時計回りと反時計回りに回転する二つの磁場の重ね合わせと考えることができる。$\omega_{\rm rf}$ で時計回りに回転する磁場は回転座標系において静止しているように見えるが、反時計回りに回転する磁場は $2\omega_{\rm rf}$ の角速度で回転しているように見える。反時計回りに回転する磁場の効果は、通常の NMR 実験の条件では $t_{\rm p} \sim 1/(\gamma B_1) \gg 1/(\gamma B_0) \sim 1/\omega_{\rm rf}$ なので、平均されてなくなる。従って、回転磁場の代わりに振動磁場を用いることができる。

12.3 ブロッホ方程式

熱平衡状態における磁化は $\vec{M}_0 = (0,0,M_0)$ であり、磁化のダイナミクスに緩和現象を考慮しなければならない。ここで、緩和を考慮した現象論的なブロッホ方程式

$$\frac{d\vec{M}}{dt} = \gamma\vec{M}\times\vec{B}_0 - \Gamma(\vec{M}-\vec{M}_0), \qquad \Gamma = \begin{pmatrix} 1/T_2 & 0 & 0 \\ 0 & 1/T_2 & 0 \\ 0 & 0 & 1/T_1 \end{pmatrix} \tag{12.3}$$

を導入しよう。ここで、T_1 と T_2 は縦（スピン－格子）および横（スピン－スピン）緩和時間と呼ばれる。右辺の第 2 項 $-\Gamma(\vec{M}-\vec{M}_0)$ は熱平衡状態に戻っていく作用を与える。

$T_2 \ll T_1$ は NMR においてしばしば起る。そのような場合の磁化のダイナミクスについて考えよう。$t=0$ において $\vec{M}(0) = M_0(\cos\chi,\sin\chi,0)$ であると仮定しよう。$\vec{M}(t)$ は時定数 T_2 で横緩和機構によって緩和し、$T_1 \gg t \gg T_2$ の時 $\vec{M}(t)=\vec{0}$ となる。xy 面内におけるこの緩和の後、熱平衡状態 $\vec{M}_0$ に向けた縦緩和が起る。

12.4 スピンエコー

T_1 と T_2 に加え、環境の不均一性に起因する T_2^* も実験的には重要である。ここでは、静磁場が不均一な場合について考えよう。すなわち、ラーモア周波数 ω_0^i が場所毎に少しずつ異なる磁化 $\vec{M}_i$ があるとしよう。最初 $t=0$ に x 軸方向に揃っていた $\vec{M}$ はラーモア周波数が場所毎に異なっているので、 図 12.5 に示すように xy 面内で広がることになる。全磁束しか測定できないので、$\vec{M}$ が xy 面内に均等に分布してしまうと信号を得ることはできなくなる。この環境の不均一性による信号の減衰の時間スケールを与えるのが T_2^* である。

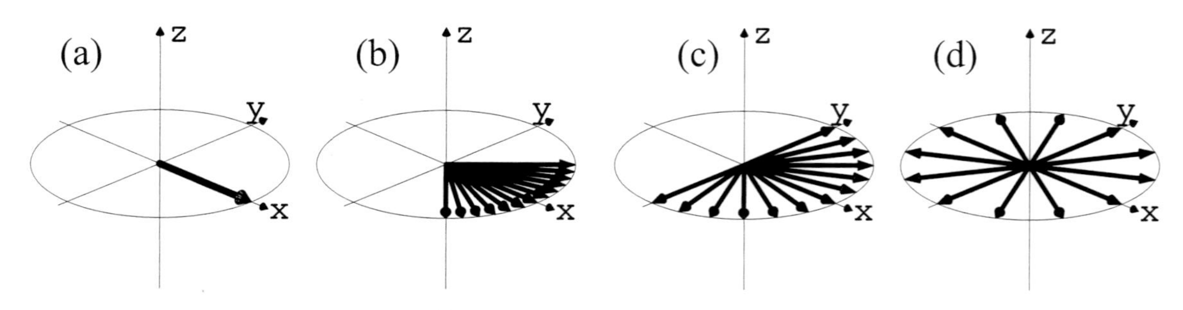

図 12.5　T_2^* 緩和。(a) 時刻 $t=0$ では $\vec{M}$ は x 軸に揃っている。(b から d) $\vec{M}$ は xy 面内でラーモア周波数の違いにより次第に広がっていく。全磁束しか測定できないので、(d) のようになると信号は得られない。

$T_2^* < T_2$ だと、T_2 を測定することができない。そこで、環境の不均一性があっても、T_2 を測定する方法が考案された。スピン・エコー法である。もっとも重要な NMR 手法の一つであるスピンエコーも以下のようにベクトルモデルによって理解することができる。

B_1 に比べて $B_0^i - \omega_{\rm rf}/\gamma$ が無視できるような強力な $90^\circ_{\rm x}$-パルスによって近似的にすべての磁化 $\vec{M}_i$ は y 軸方向に倒すことができる。ラーモア周波数が場所毎に異なっているので、時間 τ の間の自由な歳差運動によって、$\vec{M}_i$ は xy 面内に分布することになる。次に、強力な $180^\circ_{\rm y}$ パルスが y 軸に対称な位置に $\vec{M}_i$ を移す。もう一度、自由に歳差運動を同じ時間 τ だけ行わせると、すべての磁化 $\vec{M}_i$ が場所毎に異なるラーモア周波数に依らずに −y 軸に収束する。この 180°-パルスは $\vec{M}_i$ を再収束させ、リフォーカシング・パルスと呼ばれる。

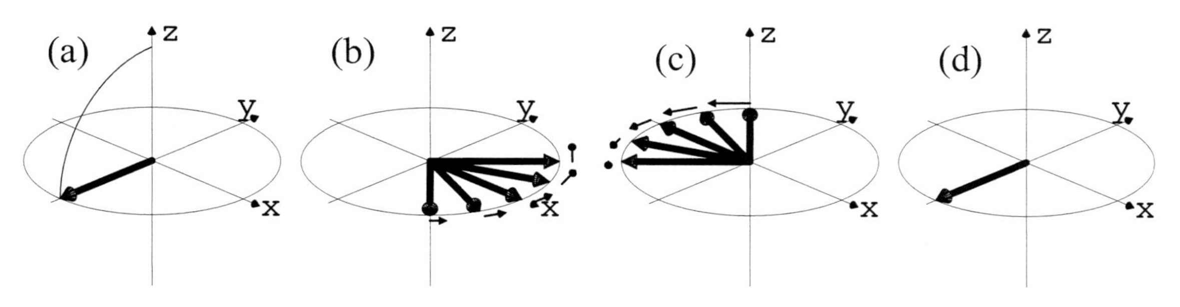

図 12.6　スピンエコーの原理。(a) すべての $\vec{M}_i$ が $90^\circ_{\rm x}$-パルスによって −y 軸に倒される。(b) τ 後には、ラーモア周波数の違いにより $\vec{M}_i$ は xy 面内で分布する。図の小さな矢印は回転座標系における角速度を表わしている。(c) $180^\circ_{\rm y}$ パルスが $\vec{M}_i$ を y 軸に関して鏡像対称な位置に移動させる。(d) さらに、τ だけ歳差運動を行わせるとすべての $\vec{M}_i$ は −y 軸に収束する。

12.5　NMR 装置と信号検出

NMR 装置の概略を図 12.7 に示した。高周波はパルス発生器の出力に応じて成形され、高周波パルスになる。これ

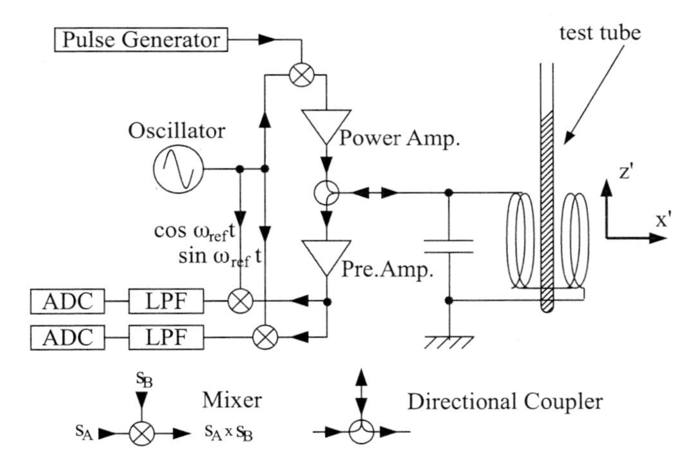

図 12.7　NMR 装置の概略。発振器（Oscillator）とパルス発生器（Pulse Generator）によって高周波パルスが生成される。高周波パルスは同調回路に導入され、コイルに振動磁場が生成され、試験管（test tube）内の試料の磁化を制御する。試料の磁化の運動はコイルに誘導起電力を誘起する。この信号は増幅され、検出される。LPF と ADC はそれぞれローパスフィルターとアナログ-ディジタル変換器を意味している。方向性結合器（Directional Coupler）が図で示すように、信号の流れを制御する。混合機（mixer）は二つの入力の掛算を行なう。

らの高周波パルスは、増幅され同調回路に導入される。そして、振動磁場（既に議論したように回転磁場と等価）がコイルに生成され、試験管内の試料の磁化を制御する。試料の磁化によって同調回路に誘導機電力が誘起される。この信号は増幅された後に検出される。同調回路を用いるのは、強い振動磁場と大きな信号を得るためである。

信号の検出方法について議論しよう。もしも緩和が存在しないのならば、xy 面内の $\vec{M} = (M_x, M_y, 0) = M(\cos\chi, \sin\chi, 0)$ は一定である。しかしながら、横緩和のために、

$$\vec{M}(t) = M(\cos\chi, \sin\chi, 0)\exp(-t/T_2),$$

のように減少する。ただし、$T_2 \ll T_1$ を仮定し、縦緩和は無視している。$T_2 \ll T_1$ は NMR においては珍しくないことに注意。実験室系で磁化をみると、

$$\vec{M}'(t) = M(\cos(\omega_0 t - \chi), -\sin(\omega_0 t - \chi), 0)\exp(-t/T_2).$$

となる。ω_0 はラーモア周波数で、回転は時計回りである。実験室系における磁化の x 成分 $M\cos(\omega_0 t - \chi)\exp(-t/T_2)$ が測定できると仮定しよう[*3]。この信号のことを *Free Induction Decay* (= FID) 信号と呼ぶ。

この FID 信号に $\cos\omega_{\mathrm{ref}}t$ を掛算すると、

$$M\cos(\omega_0 t - \chi)\exp(-t/T_2) \times \cos\omega_{\mathrm{ref}}t = \frac{1}{2}M\left(\cos(\Delta\omega\, t - \chi) + \cos((\Delta\omega + 2\omega_{\mathrm{ref}})t - \chi)\right) \times \exp(-t/T_2),$$

が得られる。ただし、$\omega_{\mathrm{ref}} > 0$ で、$\Delta\omega = \omega_0 - \omega_{\mathrm{ref}}$ とする。高い周波数 $(\Delta\omega + 2\omega_{\mathrm{ref}})$ の成分を落とすと

$$\frac{1}{2}M\cos(\Delta\omega\, t - \chi)\exp(-t/T_2).$$

が得られる。この操作はカットオフ周波数が $2\,\omega_{\mathrm{ref}}$ より十分低いローパスフィルターに信号を通すことによって行なわれる。同様に、FID 信号に $\sin\omega_{\mathrm{ref}}t$ を掛算することによって、

$$\frac{1}{2}M\sin(\Delta\omega\, t - \chi)\exp(-t/T_2),$$

が得られる。周波数の大きさの程度は $\omega_{\mathrm{ref}} \sim \omega_0 \sim 100$ MHz, $\Delta\omega \sim 10$ kHz、 そして $1/T_2 \sim 1$ Hz となっていることに注意。次に複素数の関数

$$s(t) = M\left(\cos(\Delta\omega t - \chi) + i\sin(\Delta\omega t - \chi)\right)\exp(-t/T_2) = M\exp(-i\chi)\exp(i\Delta\omega t)\exp(-t/T_2)$$

を定義しよう。ただし、$t < 0$ では、$s(t) = 0$ とする。フーリエ変換によって $s(t)$ を周波数空間の関数（スペクトル）に変換すると、

$$\begin{aligned} S(\omega) &= \int_{-\infty}^{\infty} s(t)\exp(-i\omega\, t)dt = M\exp(-i\chi)\int_0^{\infty}\exp(i\Delta\omega t)\exp(-t/T_2)\exp(-i\omega\, t)dt \\ &= M\exp(-i\chi)\frac{1/T_2 - i(\omega - \Delta\omega)}{(1/T_2)^2 + (\omega - \Delta\omega)^2}. \end{aligned}$$

となる。

もしも、$\chi = 0$ ならば, $S(\omega)$ の実数部分は中心を $\Delta\omega$ とする吸収（ローレンツ）曲線

$$\Re(S(\omega)) = \frac{M/T_2}{(1/T_2)^2 + (\omega - \Delta\omega)^2}.$$

になる。$\omega = \Delta\omega$ における高さが MT_2 を与え、$\Re(S(\omega)) > MT_2/2$ となる領域（半値全幅、FWHH と呼ぶ）が $1/\pi T_2$ を与える。このようにして、T_2 と M をスペクトルから求めることができる。一方、$S(\omega)$ の虚数部分は分散（ローレンツ）曲線

$$\Im(S(\omega)) = -\frac{M(\omega - \Delta\omega)}{(1/T_2)^2 + (\omega - \Delta\omega)^2}.$$

を与える。$\chi \neq 0$ の場合には、スペクトルの実数部分、虚数部分は吸収曲線と分散曲線の線形結合になる。

[*3] コイルに発生する信号は誘導起電力に依る。従って、軸が x 軸に平行な円筒形のコイルに発生する信号は

$$\frac{dM'_x}{dt} = -M\omega_0\sin(\omega_0 t - \chi)\exp(-t/T_2),$$

に比例する。ただし、$\omega_0 \gg 1/T_2$ なので $\exp(-t/T_2)$ の時間微分に起因する信号は無視している。ω_0 は分かっているので、時間原点をずらすことによって、x 軸方向の信号 $M\cos(\omega_0 t - \chi)\exp(-t/T_2)$ を得ることができる。

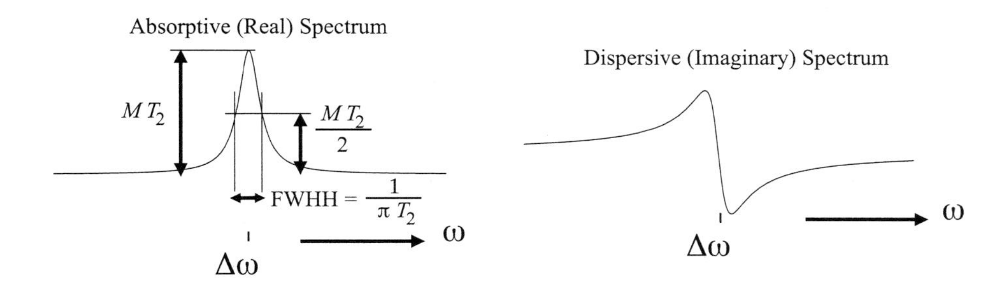

図 12.8　吸収および分散スペクトル。吸収曲線の極大を与える周波数から $\Delta\omega = \omega_0 - \omega_{\mathrm{ref}}$ がわかり、M と T_2 は極大の高さと半値全幅 (FWHH) から求まる。

問題

問題 12.1

1. 水素の共鳴周波数が 500 MHz の NMR 装置がある。その磁場に対応する磁束密度はいくらか？また、その時の ^{13}C の共鳴周波数はいくらか？
2. NMR で使われる磁場はより強い磁場が使われるようになってきている。信号強度の観点から、なぜ強い磁場が使われるのか説明せよ。

第 13 章

地球磁場による核磁気共鳴（NMR）装置

通常の NMR 装置は大きな超伝導磁石を用いる大がかりな装置である。ここでは、簡単な構造の NMR 装置について考察しよう。

13.1 原理と測定例

試料はコイルの中に入った水の水素原子である。最初コイルに強い電流を流し、試料の磁化を誘起する。コイルの電流を突然切ると、地球磁場による歳差運動がおこり、コイルに誘導機電力が生じる。この起電力を測定する。

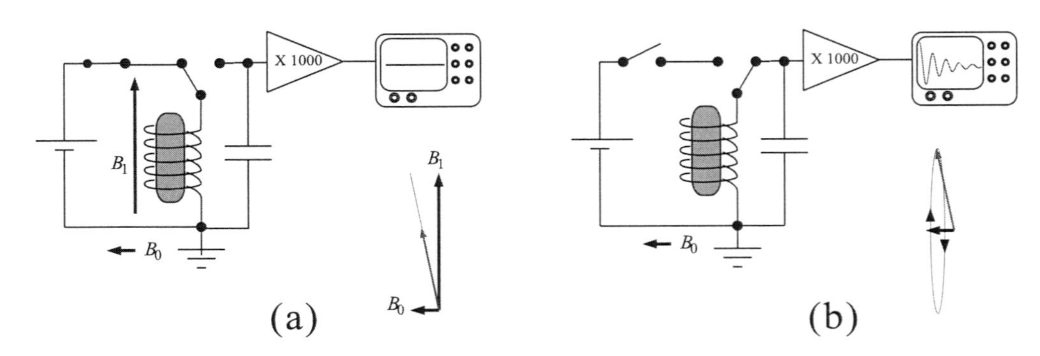

図 13.1 地球磁場 NMR 装置の原理。(a) コイルに大きな電流を流して、コイルの中に磁束密度 $\boldsymbol{B}_1$ の磁場を作る。$\boldsymbol{B}_1 \perp \boldsymbol{B}_0$ である。この磁場によって、コイルの中に置かれた試料を磁化する。(b) 突然その電流を切ると磁束密度 $\boldsymbol{B}_0$ の磁場の周りに試料の磁化が歳差運動し、コイルに誘導起電力が発生する。その誘導起電力を共鳴回路によって検出する。

地球磁場 NMR 装置によって測定した FID 信号とエコー信号、および実際の装置を図 13.2 に示す。

13.2 信号強度の推定

13.2.1 計算のための物理定数

実際に数値計算を行う場合、以下の物理定数[*1]が必要である。また、地球磁場による磁束密度は 47 μT で、そのときのプロトンのラーモア周波数は $\omega_{\mathrm{H}} = 2\pi \cdot 2 \times 10^3$ rad s^{-1} [*2]である。

*1 この講義では使うことはないが、^{13}C の磁気回転比：$\gamma_{\mathrm{C}} = 2\pi \cdot 10.71 \times 10^6$ s^{-1}T は記憶しておくべきである。
*2 約 2 kHz である。建物内では鉄筋コンクリートや周囲の磁性体（主として鉄）による磁気シールドのためか、多少小さくなる。

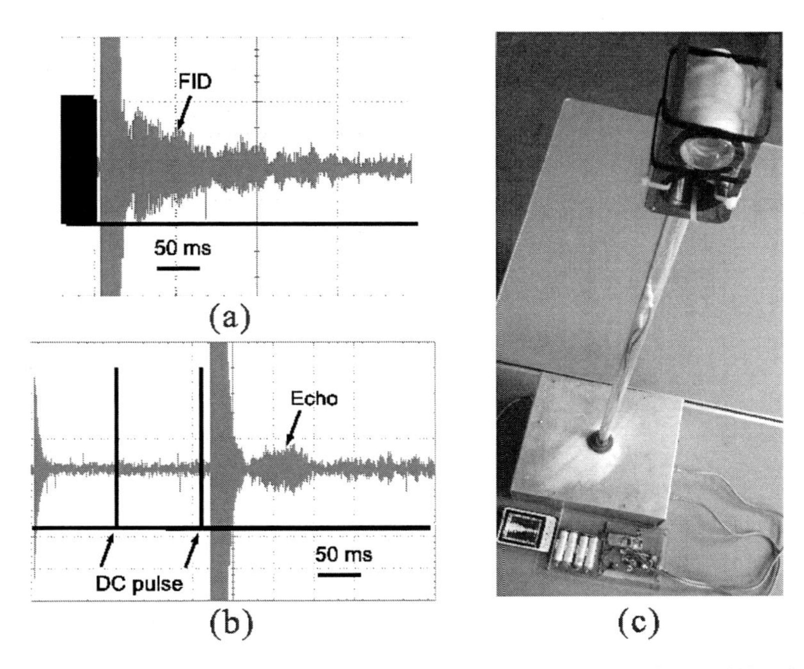

図 13.2 地球磁場 NMR 装置。(a) FID 信号。最初の振り切れた大きな信号は大きな電流を突然切ったことによる乱れである。(b) スピン・エコー信号。(c) 実際の装置。

プランク定数	$\hbar = 1.055 \times 10^{-34}$ J s	ボルツマン定数	$k_{\mathrm{B}} = 1.38 \times 10^{-23}$ J K^{-1}
真空の透磁率	$\mu_0 = 1.26 \times 10^{-6}$ N A^{-2}	水素の磁気回転比	$\gamma_{\mathrm{H}} = 2\pi \cdot 42.58 \times 10^6$ s^{-1}T
アボガドロ数	$N_{\mathrm{A}} = 6.02 \times 10^{23}$ mol^{-1}	銅の抵抗率	$\rho_{\mathrm{Cu}} = 1.7 \times 10^{-8}$ Ωm

表 13.1 重要な物理定数。

13.2.2 磁化と誘導起電力

コイルの直径 sd と長さ sl のコイルを考える。コイルの体積 sv は

$$sv = \pi sd^2 sl/4$$

である。水の質量は 1 モル当たり 18×10^{-3} kg であり、1 m^3 の水は 1000 kg、また水 1 分子中に 2 個の水素原子が存在するから、 水素原子のモル密度

$$\rho_{\mathrm{H_2O}} = \frac{1000}{18 \times 10^{-3}} 2 = 1.11 \times 10^5 \ \mathrm{mol\,m^{-3}}$$

となる。従って、考えているコイルの中に水を入れた場合、コイルの中に存在する水素原子のモル数 sa は

$$sa = sv \cdot \rho_{\mathrm{H_2O}}$$

となる。

まず、温度 T で、B_0 の磁束密度に対応した地球磁場よりも十分強い磁場の下で水の水素原子を磁化する。この強い磁場を急に切ると、この磁化は地球磁場の下での歳差運動を行う。このときに得られる信号の大きさを推定する。

強い磁場の下での水素原子 1 個が持つ磁気モーメント μ_{H} は

$$\mu_{\mathrm{H}} = \frac{(\hbar\gamma_{\mathrm{H}})^2}{4k_{\mathrm{B}}} \frac{B_0}{T}$$

となる。これはボルツマン分布を仮定して計算している。水素原子に由来する試料の全磁化 M_{H} は

$$M_{\mathrm{H}} = sa\,\mu_H N_{\mathrm{A}}$$

となる。試料の断面を貫く磁束 Φ_H は

$$\Phi_{\mathrm{H}} = \mu_0 \frac{M_{\mathrm{H}}}{sv}(\pi s d^2/4) = \mu_0 M_{\mathrm{H}}/sl$$

となる。磁化は歳差運動を行うので、試料の周囲に巻かれた 1 巻きコイルに電圧 V_{H} が誘起される。その値は、

$$V_{\mathrm{H}} = \frac{d\Phi_{\mathrm{H}}}{dt} = \omega_{\mathrm{H}}\Phi_{\mathrm{H}}$$

となる。

13.2.3　同調回路による信号の増強

コイルは太さ ϕ の銅線で、N_{L} 層巻くことにする。コイルの全巻き数 $N_{\mathrm{t}} = (sl/\phi)N_{\mathrm{L}}$ で与えられる。コイルのインダクタンス L は

$$L = A_{\mathrm{n}}\mu_0 \frac{\pi(sd/2)^2}{sl} N_{\mathrm{t}}^2$$

となる。ただし、A_{n} は長岡係数である。一方、コイルの抵抗 R は

$$R = \rho_{\mathrm{Cu}} \frac{\pi sd}{\pi(\phi/2)^2} N_{\mathrm{t}}$$

となる。以上により、コイルの Q は

$$Q = \frac{\omega_{\mathrm{H}} L}{R}$$

となり、期待される信号の大きさは

$$V_{\mathrm{H}} N_{\mathrm{t}} Q$$

となる。

また、ω_{H} で共鳴するために必要なコンデンサーの容量 C は

$$C = \frac{1}{\omega_{\mathrm{H}}^2 L}$$

である。

13.2.4　信号強度と磁場のエネルギー

試料に蓄えられている磁場のエネルギーは

$$\frac{(M_{\mathrm{H}}/sv)^2}{2\mu_0} sv$$

である。一方、1 周期の間に消費される電力は

$$\frac{(V_{\mathrm{H}} N_{\mathrm{t}} Q)^2}{R} \frac{2\pi}{\omega_{\mathrm{H}}}$$

となる。准定常状態と考えて良いかは具体的な数値を与えた場合に考察する。

13.2.5　必要なアンプの増幅率

オシロスコープの最大感度設定は、1 mV/div 程度である。従って、得られた信号を 1 mV 程度まで増幅するアンプが必要である。

13.2.6　励起用電流の評価

無限に長いコイルの内部に発生する磁場 H は、アンペールの法則により

$$H = nI$$

である。ただし、n は単位長さ当たりの巻き数である。今考えているコイルの場合には $n = N_{\mathrm{L}}/\phi$ になる。従って、

$$B_0 = \mu_0 \frac{N_{\mathrm{L}}}{\phi} I$$

となる。

問題

問題 13.1
コイルの直径 sd と長さ sl がそれぞれ

$$\begin{aligned} sd &= 25.0 \times 10^{-3}\ \mathrm{m} \\ sl &= 45.0 \times 10^{-3}\ \mathrm{m} \\ \phi &= 0.5 \times 10^{-3}\ \mathrm{m} \\ N_L &= 10 \end{aligned}$$

のコイルを考える。そして、温度 $T = 300$ K、$B_1 = 30$ mT の磁束密度に対応した磁場を急に切った後の磁化の地球磁場の下での歳差運動を考える。

本文に従って、具体的な数値を議論せよ。

著者紹介

近藤　康（こんどう　やすし）

京都大学の理学部で博士取得後，フィンランドのヘルシンキ工科大学（現アールト大学），ドイツのバイロイト大学，日本のJRCAT (Joint Research Center for Atom Technology) などで10年ほど「博士漂流」．最終的には，近畿大学に職を得た．現在は同大学教授．研究分野も経歴同様，超低温のヘリウム3の物性，超流動ヘリウム3，超低温での磁性，超流動物質探索，走査型トンネル顕微鏡，量子コンピュータを含む量子制御，「家庭用？」NMR量子コンピュータの開発などと「漂流」している．

表紙画像：Oksana Kumer ©123RF.com

理工系学生のためのエレクトロニクス入門

2019年8月30日　第1版　第1刷　発行
2022年8月30日　第1版　第2刷　発行

著　者　近藤　康
発行者　発田和子
発行所　株式会社　学術図書出版社

〒113−0033　東京都文京区本郷5丁目4の6
TEL 03−3811−0889　振替 00110−4−28454
印刷　三和印刷（株）

定価は表紙に表示してあります．

ISBN978−4−7806−0734−5　C3042